T0225800

Festigkeitslehre

Otto Wetzell • Wolfgang Krings

Festigkeitslehre

Technische Mechanik für Bauingenieure 2

3., überarbeitete Auflage

Springer Vieweg

Otto Wetzell
Ostbevern, Deutschland

Wolfgang Krings
Kürten, Deutschland

ISBN 978-3-658-11467-1   ISBN 978-3-658-11468-8 (eBook)
DOI 10.1007/978-3-658-11468-8

Die Deutsche Nationalbibliothek verzeichnet diese Publikation in der Deutschen Nationalbi-
bliografie; detaillierte bibliografische Daten sind im Internet über http://dnb.d-nb.de abrufbar.

Springer Vieweg
© Springer Fachmedien Wiesbaden 1973, 2011, 2015
Das Werk einschließlich aller seiner Teile ist urheberrechtlich geschützt. Jede Verwertung, die
nicht ausdrücklich vom Urheberrechtsgesetz zugelassen ist, bedarf der vorherigen Zustimmung
des Verlags. Das gilt insbesondere für Vervielfältigungen, Bearbeitungen, Übersetzungen,
Mikroverfilmungen und die Einspeicherung und Verarbeitung in elektronischen Systemen.
Die Wiedergabe von Gebrauchsnamen, Handelsnamen, Warenbezeichnungen usw. in diesem
Werk berechtigt auch ohne besondere Kennzeichnung nicht zu der Annahme, dass solche
Namen im Sinne der Warenzeichen- und Markenschutz-Gesetzgebung als frei zu betrachten
wären und daher von jedermann benutzt werden dürften.
Der Verlag, die Autoren und die Herausgeber gehen davon aus, dass die Angaben und Informa-
tionen in diesem Werk zum Zeitpunkt der Veröffentlichung vollständig und korrekt sind.
Weder der Verlag noch die Autoren oder die Herausgeber übernehmen, ausdrücklich oder
implizit, Gewähr für den Inhalt des Werkes, etwaige Fehler oder Äußerungen.

Lektorat: Dipl.-Ing. Ralf Harms

Gedruckt auf säurefreiem und chlorfrei gebleichtem Papier

Springer Fachmedien Wiesbaden ist Teil der Fachverlagsgruppe Springer Science+Business Media
(www.springer.com)

Vorwort

Die Skripten „Technische Mechanik für Bauingenieure" behandeln in drei Bänden die Theorie der Stabwerke und richten sich an Studenten der Fachrichtung Bauingenieurwesen an Fachhochschulen und Technischen Universitäten.

Ziel der Texte ist es, dem Leser die Technik der Problemlösung zu zeigen und ihn mit dem dabei benutzten Instrumentarium vertraut zu machen. Aufbau und Darstellung des Stoffes haben sich in Vorlesungen an der Fachhochschule Münster über mehrere Jahre bewährt. Es wird durchgehend problemorientiert (= methodenorientiert) und nicht systemorientiert gearbeitet. Fragen der Motivation wurde besondere Aufmerksamkeit geschenkt.

Band 2 beschreibt i. W. die Ermittlung von Spannungen und Verformungen für die drei elementaren Beanspruchungsarten Zug/Druck, Querkraftbiegung und Torsion, wobei elastisches Verhalten der Bauteile vorausgesetzt wird. Bei der Ermittlung der Spannungen, die zu den einzelnen Schnittgrößen gehören, wird der Leser durch die Formulierung von Äquivalenzbedingungen immer wieder darauf hingewiesen, dass die Schnittgrößen die Resultierenden der entsprechend über die Querschnittsfläche verteilten Spannungen sind. Dem Leser, der von der vorangegangenen Vorlesung über die Statik bestimmter Stabwerke i. A. nur mit Gleichgewichtsbetrachtungen vertraut ist, muss das Neue einer Äquivalenzbetrachtung deutlich gemacht werden, wenn Fehler in der Richtungsangabe von Spannungen bzw. Vorzeichenfehler vermieden werden sollen. Weiterhin wird herausgestellt, dass die Beziehungen zwischen Spannungsverteilung und Schnittgröße stets für bestimmte geeignete Querschnittsformen hergeleitet und dann auf andere Formen verallgemeinert werden, wobei die gewonnenen Ergebnisse dann mit einer gewissen Behutsamkeit angewendet werden müssen.

Im dritten Kapitel wird die Berechnung der Flächenwerte zusammenhängend und ausführlich gezeigt. Dieses Kapitel wurde bewusst hinter die Spannungsermittlung gestellt. So nämlich hat der Leser dieses Kapitels die Verwendung der Flächenwerte schon kennengelernt und ist eher bereit, dieses etwas trockene Pensum zu absolvieren.

Ähnliche Überlegungen führten auch zur Anordnung der Kapitel über die Berechnung von Spannungen auf geneigten Flächen, den Festigkeitshypothesen, den Bauteilen ohne Zugfestigkeit und nicht homogene Bauteile, die diesen Band abschließen. Es erschien mir sinnvoll, auf diese Fragen erst dann einzugehen, wenn der Leser Spannungen auf Querschnittsflächen schon berechnen kann.

Bei der Konzeption dieses Textes sah ich mich immer wieder vor die Frage gestellt, was von dem tradierten Wissen dem Studierenden mitgegeben werden muss auf seinen Berufsweg. Da nämlich fortlaufend neue Erkenntnisse hinzukommen und in den zu vermittelnden Stoff integriert werden müssen, scheint es unumgänglich zu sein, manche Komplexe aus dem überlieferten Lehrstoff zu streichen, wenn nicht das Studium länger und länger werden soll. Im Rahmen eines Grundlagenfaches wie Mechanik scheint mir dieser Weg kaum gangbar zu sein. Hier baut jede neue Erkenntnis auf zuvor erarbeitetem Wissen auf und kann deshalb ohne dieses Wissen i. A. nicht völlig verstanden werden. Hier muss deshalb versucht werden, durch eine gründlichere Aufbereitung des Wissens und eine bessere Darstellung den Wirkungsgrad des Lernens zu erhöhen. In diesem Sinne wurde auch dieser Band der Technischen Mechanik geschrieben.

Herzlich danke ich schließlich dem Springer Vieweg Verlag und hier insbesondere Frau Annette Prenzer und Herrn Dipl.-Ing. Ralf Harms für die sehr angenehme Zusammenarbeit.

Kürten, im Oktober 2015   Wolfgang Krings

Inhaltsverzeichnis

1 Grundlagen der Festigkeitslehre 1

1.1 Allgemeines 1

1.2 Spannungen und Verzerrungen 2

1.3 Werkstoffkenngrößen 5

1.4 Sicherheit der Tragwerke 26

2 Schnittgrößen und zugehörige Spannungen in Stabquerschnitten 29

2.1 Allgemeines 29

2.2 Spannungen in einem Rechteckquerschnitt, auf den N, M_y und M_z
wirken 30

2.3 Spannungen in beliebig geformten Querschnitten 38

    2.3.1 Zu einer Normalkraft gehörende Spannungen 38

    2.3.2 Zu einem Biegemoment gehörende Spannungen 42

2.4 Spannungen in einem Rechteckquerschnitt 51

    2.4.1 Schubspannungen in beliebigen, zur Lastebene symmetrischen
Querschnitten 60

    2.4.2 Schubspannungen in beliebigen, zur Lastebene nicht symmetrischen
Querschnitten. Der Schubmittelpunkt 70

2.5 Spannungen in einem Kreisquerschnitt 79

    2.5.1 Torsionsspannungen in einem dünnwandigen (einzelligen)
Hohlquerschnitt beliebiger Form 84

    2.5.2 Torsionsspannungen in nicht-kreisförmigen Vollquerschnitten ... 89

    2.5.3 Torsionsspannungen in Walzprofilen und anderen schlanken
offenen Querschnitten 92

    2.5.4 Torsionsspannungen in mehrzelligen dünnwandigen
Hohlquerschnitten 94

2.6 Spannungen infolge von Scherkräften 98

2.7 Schiefe Biegung und Biegung mit Längskraft 103

    2.7.1 Schiefe Biegung 103

    2.7.2 Biegung mit Längskraft 112

Zusammenfassung von Kapitel 2 124

3 Zusammenfassende Darstellung von Flächenwerten 127

   3.1 Flächeninhalt 127

   3.2 Schwerpunkt und statisches Moment 131

   3.3 Trägheitsmoment, Trägheitsradius, Deviationsmoment 136

   3.4 Das Widerstandsmoment und der Kern 160

   Zusammenfassung von Kapitel 3...165

4 Spannungen auf geneigten Flächen...167

   4.1 Allgemeines...167

   4.2 Der zweiachsige Spannungszustand 167

   4.3 Zeichnerische Behandlung des Problems 173

   4.4 Hauptspannungstrajektorien 174

5 Festigkeitshypothesen...175

   5.1 Allgemeines...175

   5.2 Fließbedingungen für den zweidimensionalen Spannungszustand...............177

      5.2.1 Die Hypothese der größten Normalspannung.........................178

      5.2.2 Die Hypothese der größten Dehnung.................................178

      5.2.3 Die Hypothese der größten Schubspannung...........................179

      5.2.4 Die Hypothese der konstanten Formänderungsarbeit...................180

      5.2.5 Die Hypothese der konstanten Gestaltänderungsarbeit 181

      5.2.6 Zusammenstellung...181

6 Ergänzungen 185

   6.1 Bauteile ohne Zugfestigkeit...185

      6.1.1 Mauerwerk...185

      6.1.2 Bodenpressungen unter Fundamenten 199

   6.2 Nicht homogene, zug- und druckfeste Bauteile 199

Literaturverzeichnis..209

Sachwortverzeichnis..211

1 Grundlagen der Festigkeitslehre

In diesem Kapitel werden wir zunächst eine Reihe von Begriffen einführen und definieren müssen. Dann wird gezeigt werden, dass man über die Beanspruchung eines Körpers, über die Spannungsverteilung in ihm nichts aussagen kann, ohne das Formänderungsverhalten des Baustoffes, aus dem er besteht, zu kennen. Deshalb werden für die wichtigsten konstruktiven Baustoffe Stahl, Holz und Beton und deren Kennwerte angesprochen.

Obwohl, wie wir später noch sehen werden, das Vorgehen bei der Ermittlung von Spannungen und Spannungsverteilungen bei festen Körpern grundsätzlich vom Formänderungsverhalten der Baustoffe dieser Körper unabhängig ist, so haben sich doch je nach Baustoff und dessen Formänderungsverhalten äußerlich ganz verschiedene Berechnungsverfahren und -methoden als zweckmäßig erwiesen und durchgesetzt. Eine gründliche Kenntnis des Formänderungsverhaltens der verschiedenen Baustoffe ist deshalb Voraussetzung für das Verstehen dieser Berechnungsverfahren.

Schließlich werden wir Fragen der Sicherheit der Bauteile besprechen und feststellen, dass auch dabei das Formänderungsverhalten der Baustoffe eine entscheidende Rolle spielt.

1.1 Allgemeines

Die Festigkeitslehre behandelt, wie der Name schon sagt, die Festigkeit von Bauteilen und ihren Verbindungsmitteln. Mit Festigkeit ist dabei gemeint die Widerstandskraft, die feste Stoffe einer Trennung oder Verformung entgegensetzen. Die Frage nach dieser Widerstandskraft muss beantwortet sein, wenn die Abmessungen eines Bauteils festgelegt werden sollen, man sagt: wenn dieses Bauteil bemessen werden soll. Wenn nicht ausdrücklich anders gesagt, werden homogene und isotrope Körper betrachtet. Homogen ist ein Körper, wenn er makroskopisch, d. h. abgesehen von seinem molekularen Aufbau, an allen Stellen gleich beschaffen ist (andernfalls ist er inhomogen). Isotrop ist ein Körper, dessen physikalische Eigenschaften nicht von der Richtung im Körper abhängen (andernfalls ist er anisotrop).

Die Festigkeitslehre fußt einerseits auf den praktischen Erfahrungen der Baustoffkunde und des Materialprüfungswesens, andererseits auf den theoretischen Überlegungen der mathematischen Elastizitäts- und Plastizitätstheorie. Ziel aller Untersuchungen im Rahmen der Festigkeitslehre ist es, einen Zusammenhang zu finden zwischen den Schnittgrößen einerseits und den Spannungen und Verformungen andererseits. Dabei kann i.A. vorausgesetzt werden, dass die Verformungen klein sind.

Als Verformung bezeichnet man die Formänderung eines Körpers durch äußere oder innere Kräfte. Je nach Beanspruchung kann es sich dabei um eine Verschiebung oder Verdrehung handeln.

Schließlich noch ein Wort zur Lasteinleitung. Wenn nicht anders gesagt, nehmen wir an, dass alle untersuchten (Stab-)Elemente so weit vom Ort der Lasteinleitung entfernt sind, dass mit einem ungestörten Spannungszustand gerechnet werden kann.

1.2 Spannungen und Verzerrungen

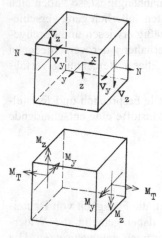

Bild 1
Richtung positiver Schnittgrößen

Infolge der äußeren Belastung eines Bauteils entstehen in jedem seiner Querschnitte Schnittgrößen, deren Werte im Folgenden als bekannt vorausgesetzt werden. In Übereinstimmung mit den diesbezüglichen Betrachtungen in Band 1 sei vereinbart, dass positive Schnittgrößen die in Bild 1 angegebene Richtung haben (An positiven Schnittufern wirken positive Schnittgrößen in positive Koordinatenrichtungen.)

Diese Schnittgrößen rufen nun im Querschnitt flächenmäßig verteilte Kräfte hervor, die man Spannungen nennt.

Dieser Name soll nicht die Tatsache verdecken, dass es sich bei einer Spannung um eine Größe handelt, die vergleichbar ist der Lastintensität q bei der Flächenlast einer Platte, Dementsprechend ist die Spannung eine Kraft je Flächeneinheit. Mit der Dimension Kraft dividiert durch Fläche. Wie wir wissen, wirkt die Flächenlast einer Platte (Bild 2) im allgemeinen Fall unter einem Winkel γ ($0 \leqq \gamma \leqq 90°$) auf die Platte (Dementsprechend haben wir analog in Band 1 den geneigten Balken unter Eigengewicht untersucht.). Für die Berechnung einer solchen Platte ist es dann günstig, diese schräg wirkende Belastung in Komponenten zu zerlegen in Richtung der Achsen eines orthogonalen Koordinatensystems, dessen eine Achse senkrecht zur Oberfläche angeordnet ist, während die beiden anderen Achsen in der Plattenebene liegen.

Ebenso geht man bei der Berechnung von Spannungen vor: Man zerlegt die „Spannungs-Belastung" in Normalspannungen, die senkrecht (= normal) zur Schnittflächenebene wirken, und Tangentialspannungen, die in der Schnittflächenebene wirken. Für die Normalspannungen hat man das Symbol σ (Sigma, das griechische s), gewählt, für die Tangentialspannungen das Symbol τ (Tau, das griechische t).

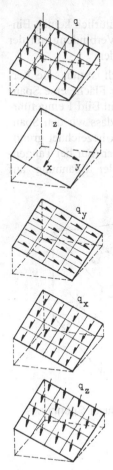

Bild 2
Die senkrecht wirkende Flächenlast q einer geneigten Fläche wird in Komponenten zerlegt

Die Verschiedenheit der Symbole für Normal- und. Tangentialspannung könnte den Eindruck erwecken, Normal- und Tangentialspannungen seien verschiedenartig. Das ist freilich nicht so: Es sind völlig gleichartige Komponenten einer und derselben resultierenden Spannung. Wir haben ähnliches bei der Einführung der Schnittgrößen in Band 1 erlebt: Auch dort werden gleichartige Komponenten einer und derselben resultierenden Schnittkraft mit verschiedenen Symbolen belegt: Die Normalkraft mit N und die Querkraft mit V. Durch Anfügen eines Index kann man zum Ausdruck bringen, durch welche Schnittgröße eine Spannung hervorgerufen wird.

Hier einige Beispiele:

Zugspannung	σ_z	Scherspannung	τ_a (von abscheren)
Druckspannung	σ_d	Schubspannung	τ_s
Biegespannung	σ_b	Torsionsspannung	τ_t

Dabei sei sogleich erwähnt, dass die Ursache einer Spannung natürlich keinen Einfluss hat auf deren „Charakter". Sie hat jedoch Bedeutung in Verbindung mit der Festlegung von zulässigen Spannungen, wie wir noch sehen werden.

Für die mathematische Behandlung von Spannungen unerlässlich ist nun eine Vereinbarung darüber, wie wir zum Ausdruck bringen, auf welcher Fläche eine Spannung wirkt und in welcher Richtung. Wir werden dazu i. A. das in Bild 1 eingeführte Koordinatensystem x-y-z benutzen, und zwar in der Weise, dass wir den Spannungen einen Index bzw. zwei Indizes anfügen. Der erste Index bezeichnet grundsätzlich die Richtung der Normalen der beanspruchten Fläche, der (nur bei Tangentialspannungen erforderliche) zweite Index die Richtung der Spannung auf

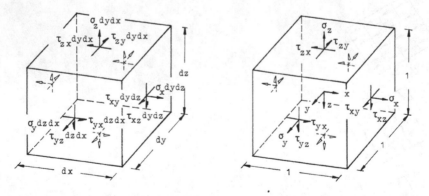

Bild 3 Zur Bezeichnung von Spannungen und zur Richtung positiver Spannungskräfte

dieser Fläche (Bild 3). Es sei allerdings schon hier bemerkt, dass dieser Systematik nicht überall konsequent gefolgt werden kann.[1]

Infolge der Spannungen entstehen nun im Inneren eines Körpers Verzerrungen, die zu einer Änderung seiner Form (Formänderung oder Verformung führen). Dabei rufen Normalspannungen, wie wir noch sehen werden, Dehnungen (oder Stauchungen) hervor und Tangentialspannungen Gleitungen. Tafel 1 zeigt die Zusammenhänge für ein Stabelement.

Tafel 1

Schnittgröße	Spannung	Verzerrung:	Verformung
Normalkraft	σ_x oder σ_d	Dehnungen oder Stauchungen	2 Querschnitte werden gegeneinander in Richtung ihrer Flächennormalen verschoben
Biegemoment	σ_b	Dehnungen und Stauchungen	2 Querschnitte werden relativ zueinander um eine in ihren Ebenen liegende Achse verdreht
Querkraft	τ_a	Gleitungen	2 Querschnitte werden gegeneinander in ihrer Ebene verschoben
	τ_s	Gleitungen	2 Querschnitte werden gegeneinander in ihrer Ebene verschoben und dabei verwölbt
Torsions-moment	τ_t	Gleitungen	2 Querschnitte werden relativ zueinander um eine senkrecht auf ihnen stehende Achse verdreht und u.U. dabei verwölbt

1.3 Werkstoffkenngrößen

Die Notwendigkeit beim Entwurf eines Bauwerks, Bauteile zu bemessen, stellt diese Frage in den Vordergrund: Wie sieht in einem Querschnitt die zu einer der oben angegebenen Schnittgrößen gehörende Spannungsverteilung aus? Auf diese Frage können wir beim jetzigen Stand unserer Kenntnisse nur eine integrale Antwort geben. Wir können nämlich die entsprechenden Äquivalenz – Bedingungen formulieren, z. B. für eine Beanspruchung durch N und M_y und die zugehörige Spannungsverteilung auf einem Rechteckquerschnitt etwa (Bild 4).

---

[1] Bild 3 zeigt zwei verschiedene Möglichkeiten der Darstellung von Spannungen. Es muss dabei stets bedacht werden, dass durch Pfeile Kräfte dargestellt werden, also Resultierende der Spannungen.

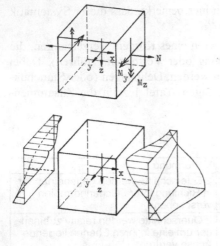

Bild 4
Zur Äquivalenz von Schnittgrößen und flächenmäßig verteilen Spannungskräften

$$\int \sigma \cdot dA = N$$

$$\int y \cdot \sigma \cdot dA = -M_z = 0$$

$$\int z \cdot \sigma \cdot dA = M_y$$

Mit diesen drei Bestimmungsgleichungen können nun drei Größen berechnet werden, unbekannt sind jedoch unendlich viele, nämlich die Spannungen in allen Punkten des Querschnitts. Es bleibt uns nichts anderes übrig, als hier nun Annahmen zu treffen und später durch Überprüfung des damit erzielten Ergebnisses zu kontrollieren, ob diese Annahmen richtig sind. Auf der Suche nach solchen Annahmen stellen wir fest, dass die Beobachtung keinerlei Anhalt gibt bezüglich der Spannungsverteilung. Dies wird besonders deutlich, wenn man nicht – homogene Bauteile in die Betrachtung einbezieht, etwa einen Zugstab aus (Hart-) Gummi mit einvulkanisiertem Stahlstab. Etwas anderes jedoch lässt sich bei einem Zugversuch mit einem beliebigen (geraden) Stab beobachten: dass nämlich ursprünglich ebene Querschnitte bei der Verformung eben bleiben[2], dass also die Dehnungen der einzelnen Fasern

---

[2] Unser bewusst provozierend gewähltes Beispiel eines Gummistabes mit Stahlseele legt die Vorstellung nahe, die Last werde über den Stahlstab eingeleitet, sodass sich der Gummiteil erst nach und nach an der Lastaufnahme beteilige. Würde das tatsächlich so gemacht, dann wäre im Lasteinleitungsbereich eine Verwölbung der Querschnitte zu beobachten; ein Ebenbleiben der Querschnitte würde sich dann erst in einigem Abstand von der Lasteinleitungsstelle einstellen. Diese Störung lässt sich jedoch ausschalten, wenn man an beiden Enden des Stabes eine starre Stahlplatte anordnet, an die das Gummi anvulkanisiert und die Stahlseele angeschweißt wird.

linear über den Querschnitt verteilt sind (beim Zugversuch sogar alle einander gleich sind). Es muss deshalb als nächstes versucht werden, eine Beziehung zu finden zwischen Spannungen und Dehnungen. Mit ihrer Hilfe können wir dann auch über die Spannungsverteilung eine Aussage machen und dann die o. a. Ausdrücke integrieren. Eine Aussage über diese Beziehung und über das Verhalten von Werkstoffen allgemein wird gemacht im Rahmen der Werkstoffkunde, wo zu diesem Zweck sogenannte Werkstoffprüfungen durchgeführt werden. Als erstes Beispiel einer Werkstoffprüfung schildern wir das Verhalten eines Stahlstabes im Zugversuch nach DIN EN 10002-1. Zur Durchführung dieses Zugversuches verwendet man einen Probestab, dessen Abmessungen in DIN 50 125 angegeben sind. Während dieser Probestab bei der Prüfung in der Prüfmaschine einer gleichmäßig steigenden Dehnung unterworfen wird, werden die auftretende Längenänderung und die zugehörige Zugkraft registriert. Dabei entsteht ein Kraft-Verformungs-Diagramm der in Bild 5 gezeigten Art, wenn der Probestab aus einem naturharten Stahl besteht. Bevor wir an eine Besprechung dieses F-Δl- Diagramms gehen, machen wir uns die Wirkungsweise der Maschine klar. Eine Hydraulik sorgt dafür, dass die beiden „Häupter" der Prüfmaschine mit gleichmäßiger Geschwindigkeit ihren gegenseitigen Abstand vergrößern. Dazu muss eine entsprechende Menge Öl – pro Zeiteinheit gleichbleibend – in den Hauptzylinder gepumpt werden, wozu ein gewisser Öldruck erforderlich ist. Dieser Öldruck wird gemessen und liefert, multipliziert mit der Kolbenfläche des Hauptzylinders, die Last, die an einer Skala abgelesen und durch einen Schreiber registriert werden kann. Dabei ist der Vorschub des beschriebenen Papiers gekoppelt mit dem sich bewegenden Haupt, sodass die Last über der Längenänderung aufgezeichnet wird.

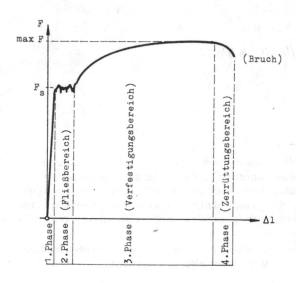

Bild 5
Kraft-Verformungs-Diagramm
eines naturharten Stahles
(Zugversuch)

Solange kein Probestab zwischen die Klemmbacken der 2 Häupter gespannt ist, können die 2 Häupter ohne nennenswerten Öldruck auseinander gefahren werden: Im Diagramm entsteht eine gerade Linie entlang der Δl-Achse. Ist ein Probestab eingespannt, so setzt er einer Vergrößerung seiner Länge einen Widerstand entgegen, sodass zur Förderung der oben erwähnten Ölmenge pro Zeiteinheit ein gewisser Druck erforderlich wird. Widerstandskraft des Probestabes und Öldruck in der Maschine wachsen gleichmäßig mit zunehmender Länge, sodass im F-Δl- Diagramm eine steigende Gerade aufgezeichnet wird (1. Phase). Allmählich wird die Zunahme der Widerstandskraft dies Probestabes weniger bei gleichbleibender Längenzunahme, bis die Widerstandskraft trotz weiter voranschreitender Längenzunahme überhaupt nicht mehr wächst; im Diagramm zeigt sich ein im Mittel horizontaler Verlauf der F-Linie (2. Phase). Hat dann die Länge des Stabes ein gewisses Maß erreicht, dann steigt die Widerstandskraft des Stabes wieder an (3. Phase) bis sich schließlich an irgendeiner Stelle der Bruch ankündigt durch eine beginnende Einschnürung. Damit verbunden ist eine Abnahme des wirksamen Stabquerschnittes, sodass die Widerstandskraft des Probestabes (die doch sicherlich der Querschnittsfläche proportional ist) wieder abnehmen muss (4. Phase).[3] Endlich, ist die Einschnürung so weit fortgeschritten, dass der Bruch eintritt.

Nun sind freilich die aufgezeichneten Lastwerte ebenso wie die Werte der Längenänderung nicht nur vom Werkstoff des Probestabes abhängig sondern auch von dessen Abmessungen. Ein dickerer Probestab hätte zu größeren Lasten geführt, ein längerer Probestab hätte zu größeren Längenänderungen geführt, Man gibt daher bezogene Größen an, und zwar dividiert man die Lastwerte durch den (Anfangs-) Querschnitt A_0 und die Längenänderung durch die (Anfangs-) Stablänge l_0. So kommt man zu einer

Spannung [4] $\sigma = F/A_0$ und

Dehnung $\varepsilon = \Delta l/l_0 = (l - l_0)/l_0$.

---

[3] Mit dieser Erscheinung hängt die Tatsache zusammen, dass sich ein anderes Kraft-Verformungs-Diagramm ergibt, wenn man einen Prüfkörper des gleichen Materials drückt. Man verwendet dabei, um seitliches Ausweichen zu vermeiden, gedrungene Prüfkörper (Zylinder mit l = d oder Würfel). Obwohl die dadurch auftretende Reibung zwischen Prüfkörper und Druckplatte das Versuchsergebnis beeinflusst, ergibt sich immerhin der gleiche E-Modul (Elastizitätsmodul).

[4] Damit wird stillschweigend eine gleichmäßige Verteilung der Spannungen über den Querschnitt angenommen. Diese Annahme werden wir später bestätigt finden.

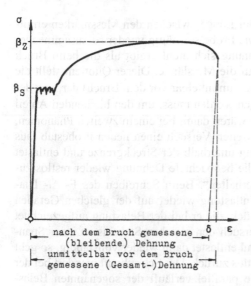

Bild 6
Spannungs-Dehnungs-Diagramm eines naturharten Stahles (Zugversuch)

Wir machen aufmerksam auf die Tatsache, dass es sich hier um Rechengrößen handelt, die den physikalischen Tatbestand nur näherungsweise wiedergeben. Da nämlich die Querschnittsfläche mit zunehmender Stablänge abnimmt, muss genau genommen jede Last durch eine andere Fläche dividiert werden; ebenso müsste bei der Dehnung jede Längenänderung durch die jeweils augenblicklich vorhandene (sozusagen aktuelle) Länge dividiert werden. Ohne auf Einzelheiten einzugehen, erwähnen wir, dass es dementsprechend andere Spannungs- und Dehnungsmaße gibt. Bei Verwendung der o.a. Definition für Spannung und Dehnung kommt man nun zu einem σ-ε-Diagramm, indem man an die Ordinatenachse die durch F dividierten Lasten und an die Abszissenachse die durch l_0 dividierten Längenänderungen schreibt, wie in Bild 6 dargestellt. Die dabei auftretenden charakteristischen Werte von Spannung und Dehnung hat man mit bestimmten Namen und Symbolen belegt, die wir hier kurz angeben.[5] Die oben geschilderte 2. Phase der Stabstreckung beginnt, wenn die Spannung im Stab die sogenannte Streckgrenze β_S erreicht. Die manchmal zu findende Bezeichnung Fließgrenze (statt Streckgrenze) soll nur verwendet werden als Oberbegriff für alle ähnlichen Erscheinungen bei verschiedenartiger Beanspruchung. Die oben geschilderte 3. Phase endet, wenn die Spannung im Stab die sogenannte Zugfestigkeit β_Z erreicht hat. Die oben geschilderte 4. Phase endet mit dem Trennbruch. Die Bruchdehnung δ ist die *bleibende* Längenänderung Δl_B *nach* dem Bruch der Probe, bezogen auf die ursprüngliche Messlänge l_0. Sie setzt sich zusammen aus der Gleichmaßdehnung und der Einschnürungsdehnung und ist somit nicht unabhängig von der Länge des Probestabes. Im Allgemeinen

---

[5] Die Zeichen (Symbole) entsprechen DIN 1080.

wird die Bruchdehnung durch Messen der Länge zwischen den Messmarken ermittelt. Zu diesem Zweck wird die *zerrissene* Probe sorgfältig wieder so zusammengefügt. Wir erwähnen, dass die Bruchdehnung sich nicht ergibt als die beim Bruch vorhandene Längenänderung bezogen auf die Messlänge. Dieser Quotient stellt die Gesamtdehnung ε_{ges} beim Bruch (genauer: unmittelbar vor dem Bruch) dar, von der jedoch der elastische Anteil ε_{el} abgezogen werden muss, um den bleibenden Anteil ε_{bl} (die Bruchdehnung) zu erhalten. Wir wären damit bei einem zweiten Phänomen, der Elastizität. Belastet man in einem zweiten Versuch einen neuen Probestab (aus naturhartem Stahl) bis zu einer Spannung unterhalb der Streckgrenze und entlastet dann wieder vollständig, so geht auch die beobachtete Dehnung wieder restlos zurück. Man nennt dieses „elastisches Verhalten". Beim Schreiben des F- Δl- Diagramms geht der Schreibstift bei der Entlastung wieder auf der gleichen Geraden (allgemein: auf der gleichen Kurve) zurück, die er bei der Belastung aufgezeichnet hat. Belastet man in einem weiteren Versuch den gleichen Stab bis zu einer Spannung, die über der Streckgrenze liegt, und entlastet dann wieder vollständig, so geht die beobachtete Dehnung nicht mehr restlos zurück. Der Schreibstift wandert bei der Entlastung auf einer geraden Linie, die parallel verläuft der sogenannten Belastungsgeraden von Phase 1 (Bild 7). Die bei vollständiger Entlastung zurückbleibende Dehnung ε_{bl} nennt man bleibende Dehnung, den zurückgehenden Anteil ε_{el} nennt man elastische Dehnung. Ihre Addition liefert die Gesamtdehnung ε_{ges}. Praktisch interessant für uns ist nun freilich nur derjenige Spannungsbereich, in dem bei vollständiger Entlastung die Dehnungen wieder restlos zurückgehen. Die Spannungen sind hier linear von den Dehnungen abhängig und man kann schreiben $\sigma = m \cdot \varepsilon$. Der Richtungsfaktor ergibt sich damit in der Form $m = \sigma/\varepsilon_{el}$. Der Richtungsfaktor m, den man Elastizitätsmodul nennt und mit E bezeichnet, ergibt sich damit in der Form:

Elastizitätsmodul: $E = \sigma/\varepsilon_{el}$.

Der Elastizitätsmodul E ist also der Quotient aus der auf den Anfangsquerschnitt bezogenen Kraft und der auf die Messlänge bezogenen Längenänderung bei rein elastischer Verlängerung.[6] Dieser Zusammenhang zwischen Spannung, Dehnung

---

[6] Der hier geschilderte, am Werkstoff Stahl beobachtete Vorgang legt die Vermutung nahe, elastisches Verhalten sei unlösbar verknüpft oder gleichbedeutend mit einem geradlinigen Spannungsdehnungsverlauf. Dies ist nicht der Fall, wie das Verhalten von Gummi oder Beton zeigt. Das entscheidende Kriterium für elastisches Verhalten ist allein dies: Der Spannungsdehnungsverlauf muss in der Entlastungsphase der gleiche sein wie in der Belastungsphase. Im Allgemeinen wird man also sehr wohl zu unterscheiden haben zwischen einer Proportionalitätsgrenze und einer Elastizitätsgrenze. Insofern ist der Name „Elastizitätsmodul" für den Richtungsfaktor der σ-ε-Geraden irreführend. Tatsächlich handelt es sich hier um einen Proportionalitätsmodul.

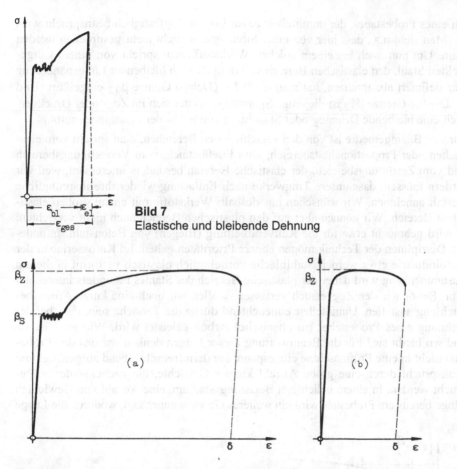

Bild 7
Elastische und bleibende Dehnung

Bild 8 Spannungs-Dehnungs-Diagramm eines naturharten (a) und eines kaltgereck-ten (b) Stahles (Zugversuch)

und Elastizitätsmodul ist nach dem englischen Wissenschaftler Hooke[7] benannt als Hookesches-Gesetz: $\sigma = E \cdot \varepsilon$.

Schließlich ist noch folgende Erscheinung von Bedeutung: Beansprucht man einen Probestab aus naturhartem Stahl über die Streckgrenze hinaus und entlastet wieder, so stellt man bei einer erneuten Belastung dieses Probestabes eine nach oben ver-schobene oder ganz verschwundene Streckgrenze fest. Bild 8 (b) zeigt das Verhal-

---

[7] Robert Hooke, 1635-1703

ten eines Probestabes, der unmittelbar zuvor bis zur Zugfestigkeit beansprucht wurde. Man sieht u.a., dass hier von einer Streckgrenze nicht mehr gesprochen werden kann. Um nun auch bei einem solchen Werkstoff, man spricht von einem kaltgereckten Stahl, den elastischen Bereich von dem Bereich bleibender Längenänderung klar definiert abzugrenzen, hat man die 0,2 – (Dehn-) Grenze $\beta_{0,2}$ eingeführt (Bild 9). Die 0,2-Grenze $\beta_{0,2}$ ist diejenige Spannung, bei der sich im Zug- oder Druckversuch eine bleibende Dehnung oder Stauchung von 0,2 % der Messlänge ergibt.

Für uns Bauingenieure ist von den verschiedenen Bereichen, man spricht vom elastischen oder Proportionalitätsbereich, vom Fließbereich, vom Verfestigungsbereich und vom Zerrüttungsbereich, der elastische Bereich besonders interessant, weil wir fordern müssen, dass unsere Tragwerke nach Entlastung wieder ihre ursprüngliche Gestalt annehmen. Wir wünschen uns deshalb Werkstoffe mit einem großen elastischen Bereich. Wir können aber auf den plastischen Bereich auch nicht verzichten; er wird gebraucht etwa für die Kaltverarbeitung (Biegen) von Betonstahl. In anderen Disziplinen der Technik mögen andere Prioritäten gelten: Im Karosseriebau der Autoindustrie etwa werden Stahlbleche vornehmlich plastisch verformt in diesem Zusammenhang wird daher der plastische Bereich des Stahles besonders interessant sein. Bevor wir den Zugversuch verlassen, wollen wir noch eine kurze Arbeitsbetrachtung anstellen. Unmittelbar einleuchtend dürfte die Tatsache sein, dass bei der Dehnung eines Probestabes (mechanische) Arbeit geleistet wird. Wie groß ist sie und wo bleibt sie? Für die Beantwortung dieser Fragen denken wir uns den Probestab nicht in eine Prüfmaschine eingespannt sondern frei schwebend aufgehängt und beansprucht durch eine große Anzahl kleiner Gewichte, die nacheinander aufgebracht werden. In einem beliebigen Belastungsstadium, eine Anzahl von Gewichten hänge bereits am Probestab, wird ein weiteres Gewicht angehängt, wodurch die Länge

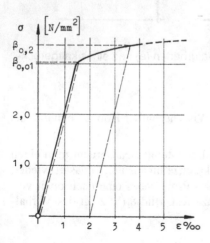

Bild 9
Zur 0,2-Grenze und 0,01-Grenze

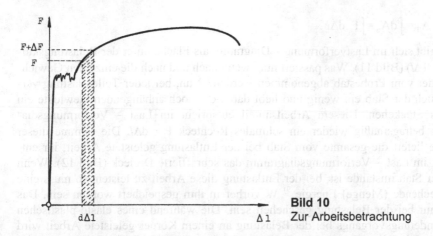

Bild 10
Zur Arbeitsbetrachtung

des Probestabes sich um ein kleines Stückchen dΔl vergrößern möge. Dabei verschieben sich die bereits angehängten Gewichte um das Stückchen dΔl in ihrer Wirkungsrichtung, sodass sie am Probestab die Arbeit dA_a = F · dΔl leisten.[8] Diesem Arbeitsanteil entspricht im F-Δl-Diagramm der Inhalt des schmalen schraffierten Rechtecks (Bild 10). Summation aller Arbeitsanteile dA_a liefert die insgesamt von den Gewichten – also von der Last – geleistete Arbeit.

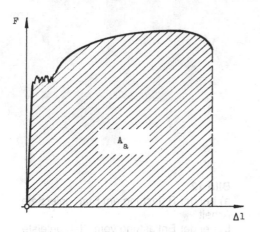

Bild 11
Bei der Belastung am Probestab geleistete Arbeit

---

[8] Möglicherweise ist sich der Leser nicht klar darüber, wer an wem Arbeit geleistet hat. Deutlich wird dies an folgendem Gedankenmodell: 10 Männer dehnen eine Feder soweit sie können. In diesem Zustand stellt sich ein elfter Mann Hinzu und zieht auch mit: Die Feder wird um ein weiteres Stückchen gedehnt. Die Hauptarbeit dabei haben die 10 Mann geleistet.

$$A_a = \int dA_a = \int F \cdot d\Delta l \; .$$

Sie ergibt sich im Lastverformungs- Diagramm als Fläche unter der Belastungskurve $F = f(\Delta l)$ (Bild 11). Was passiert nun, wenn nach und nach die einzelnen Gewichte wieder vom Probestab abgenommen werden? Nun, bei jeder Teilentlastung verkürzt sich der Stab ein wenig und hebt dabei die noch anhängenden Gewichte ein kleines Stückchen. Diesem Arbeitsanteil entspricht im Last – Verformungsdiagramm betragsmäßig wieder ein schmales Rechteck $F \cdot d\Delta l$. Die Summe dieser Anteile liefert die gesamte vom Stab bei der Entlastung geleistete Arbeit; ihr entspricht im Last – Verformungsdiagramm das schraffierte Dreieck (Bild 12). Wenn nun der Stab imstande ist, bei der Entlastung diese Arbeit zu leisten, so muss eine entsprechende (Menge) Energie [9] W vorher in ihm gespeichert worden sein. Das kann nur bei der Belastung geschehen sein. Die während eines elasto-plastischen Formänderungsvorgangs bei der Belastung an einem Körper geleistete Arbeit wird also, wie ein Blick auf Bild 12 zeigt, nur zu einem Teil als Energie im Körper gespeichert und kann dementsprechend auch nur zu einem Teil zurückgewonnen werden. Der andere Teil wird dissipiert (zerstreut), i. A. in Form von Wärme. Bei einer rein elastischen Verformung hingegen ist die bei der Belastung von der Last am Stab geleistete Arbeit betragsmäßig genauso groß wie die bei der Entlastung vom Stab an der Last geleistete Arbeit: Die gesamte äußere Arbeit (so nennt man die von den äußeren Kräften geleistete Arbeit) wird im Stab als Energie gespeichert:

$$|W| = A_a = \frac{1}{2} \cdot F \cdot \Delta l \; .$$

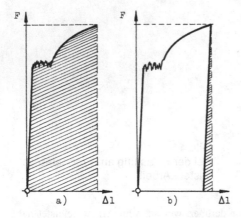

Bild 12
a) bei der Belastung am Stab geleistete Arbeit
b) bei der Entlastung vom Stab geleistete Arbeit

---

[9] Energie ist die Fähigkeit, Arbeit zu leisten.

Das Vorzeichen von W liefert eine einfache Überlegung. Die im Stab gespeicherte Energie muss – auch vorzeichenmäßig – gleich sein der bei der Entlastung vom Stab geleisteten Arbeit. Diese Arbeit – man nennt sie innere Arbeit – ist nun negativ, da bei der Entlastung die Last entgegen ihrer Wirkungsrichtung verschoben wird:

$$A_i = W = \frac{1}{2} \cdot F \cdot \Delta l$$

Somit wird $A_a + W = 0$. Bei einem elastischen Vorgang ist die Summe der geleisteten äußeren Arbeit und der dabei gespeicherte Energie gleich Null. Last und elastisches Tragwerk bilden physikalisch also ein konservatives System.[10] Vor uns haben wir hier eine spezielle Form des Energiesatzes: Ein Körper, an dem mechanische Arbeit geleistet wurde, vermag infolge der an ihm eingetretenen Zustandsänderung, indem er wieder in seinen früheren Zustand zurückkehrt, seinerseits den gleichen Betrag an Arbeit zu leisten, wie er vorher an ihm geleistet wurde.

Mit den im elastischen Bereich geltenden Beziehungen zwischen F und Δl kann man die äußere Arbeit sowohl als Funktion der Last als auch als Funktion der Längenänderung angeben (Die Querschnittsfläche ist mit A bezeichnet!):

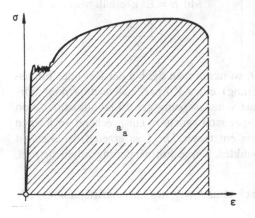

Bild 13
Bei der Belastung an einer Volumeneinheit des Stabes geleistete Arbeit

Mit $\Delta l = \varepsilon \cdot l = \dfrac{\sigma}{E} \cdot l = \dfrac{F \cdot l}{E \cdot A}$

kann man schreiben

---

[10] Physikalische Systeme oder Vorgänge, bei denen keine andere Energie-Umwandlung stattfindet als Umwandlung von potenzieller Energie in kinetische Energie (die vorliegende Formänderungsenergie ist eine potenzielle Energie), nennt man konservativ. Treten Umwandlungen in andere Energieformen auf, dann spricht man von dissipativen Systemen.

$$A_a(F) = \frac{F^2 \cdot l}{2 \cdot E \cdot A}$$

Mit $F = \sigma \cdot A = \varepsilon \cdot E \cdot A = E \cdot A \cdot \Delta l / l$

kann man schreiben

$$A_a(\Delta l) = \frac{E \cdot A \cdot \Delta l^2}{2 \cdot l}$$

Wenn dies die am ganzen Stab geleistete Arbeit ist, dann ist die an einer Volumeneinheit geleistete Arbeit $a_a = A_a/V = A_a/(A \cdot l)$ (Bild 13), da ja der Spannungszustand im Stab homogen ist (homogen: in jedem Punkt des Stabes gleich). Das liefert die bezogene Arbeit [11]

$$a_a = \frac{F \cdot \Delta l}{2 \cdot A \cdot l} = \frac{1}{2}\sigma \cdot \varepsilon$$

Die Verwendung des Hookeschen Gesetzes erlaubt es (wie oben), diese bezogene Arbeit als Funktion der Spannung σ der als Funktion der Dehnung darzustellen:

Mit $\varepsilon = \dfrac{\sigma}{E}$ erhält man	Mit $\sigma = E \cdot \varepsilon$ erhält man
$a_a = \dfrac{\sigma^2}{2 \cdot E}$	$a_a = \dfrac{E \cdot \varepsilon^2}{2}$

Was nun die Bezeichnungsweise angeht, so nennt man die bei der Be- oder Entlastung (gesamtheitlich bei der Formänderung) eines Körpers geleistete Arbeit Formänderungsarbeit. Dabei wächst die Last voraussetzungsgemäß so allmählich von Null auf ihren Endwert an, dass der Körper sich synchron entsprechend verformen kann und also etwa keine Schwingungen entstehen. Die Last erzeugt dabei selbst den Verschiebungsweg ihres Angriffspunktes. Diese Formänderungsarbeit beträgt, wie wir gesehen haben, allgemein

$$A_F = \int F \cdot dv \qquad \text{(v = Verschiebungsweg des Lastangriffspunktes)}$$

und bei einem elastischen Körper

$$A_F = \frac{1}{2} \cdot F \cdot v \ .$$

Neben der Formänderungsarbeit gibt es noch andere Formen mechanischer Arbeit, etwa die Verschiebungsarbeit. Sie wird dann von einer Last F bei einer Verschiebung ihres Lastangriffspunktes geleistet, wenn diese Last bereits vor der Verschie-

---

[11] Die entsprechende bezogene Energie bezeichnet man mit w und nennt sie auch Energiedichte.

bung und während des ganzen Verschiebungsvorganges in voller Größe vorhanden ist. Die Verschiebungsarbeit beträgt

$$A_V = \int F \cdot dv = F \cdot \int dv = F \cdot v$$

Wir kehren nun noch einmal zum Zugversuch zurück und beobachten, dass der Stab mit zunehmender Verlängerung auch dünner wird. Beim Druckversuch ist es umgekehrt, mit zunehmender Verkürzung wird der Stab dicker. Bedeutet d_0 etwa den Durchmesser des Zugstabes, vor der Verformung und d den Durchmesser im belasteten Zustand, so bezieht man wieder die Änderung des Durchmessers auf den Ausgangsdurchmesser und erhält die

$$\text{Querkontraktion } \varepsilon_q = \frac{d - d_0}{d_0}$$

Bei einer Zugbeanspruchung ist $\varepsilon_q < 0$, bei einer Druckbeanspruchung ist $\varepsilon_q > 0$. Es zeigt sich, dass die Querdehnungen den Längsdehnungen im Gültigkeitsbereich des Hookeschen Gesetzes proportional sind. Den Proportionalitätsfaktor nennt man Poissonsche[12] Konstante und bezeichnet ihn mit m:

$$-\frac{\varepsilon}{\varepsilon_q} = m \quad \text{Den Kehrwert } \mu = 1/m = -\varepsilon_q/\varepsilon \text{ nennt man Querkontraktionszahl oder}$$

Querdehnzahl. Wir können ε_q unmittelbar aus den Längsspannungen berechnen, wenn wir schreiben $\varepsilon_q = -\mu \cdot \varepsilon = -\mu \cdot \sigma/E$.

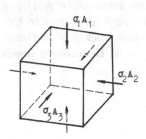

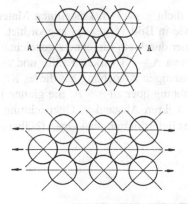

Bild 14 Dreiachsig beanspruchter Körper

Bild 15 Verschiebung der Atome eines dichtgepackten kristallinen Materials

---

[12] Simeon Denis Poisson (1781-1840); französischer Mathematiker

(In einigen Literaturstellen wird auch für die Querdehnzahl der griechische Buchstabe ν benutzt.).

Betrachten wir nun anstelle des Zugstabes einen Probewürfel (Bild 14), den wir in Längsrichtung (wir nennen sie 1-Richtung) durch die Spannung σ_1 beanspruchen und in den beiden Querrichtungen 2 und 3 jeweils durch die Spannungen σ_2 und σ_3, so können wir die sich aus den einzelnen Beanspruchungen ergebenden Dehnungen addieren, da die Spannungs-Dehnungs-Beziehung linear ist.

Dann ergibt sich

$$\varepsilon_1 = \frac{1}{E} \cdot \left[\sigma_1 - \mu \cdot (\sigma_2 + \sigma_3) \right]$$

$$\varepsilon_2 = \frac{1}{E} \cdot \left[\sigma_2 - \mu \cdot (\sigma_3 + \sigma_1) \right]$$

$$\varepsilon_3 = \frac{1}{E} \cdot \left[\sigma_3 - \mu \cdot (\sigma_1 + \sigma_2) \right]$$

Man nennt diese Beziehungen auch das verallgemeinerte Hookesche Gesetz. Es wurde zuerst von Cauchy [13] aufgestellt. Der Wert von μ liegt für kristalline [14] Stoffe in der Nähe von 1/3, für amorphe [15] Stoffe in der Nähe von 1/4 und für poröse Materialien und Zellstoffe (wie etwa Holz oder Kork) zwischen 0 und 1/5. Er wird durch Messung bestimmt; man kann ihn allerdings auch in einer theoretischen Überlegung finden, wenn man – wie fast immer – einige idealisierende Annahmen macht.

In einem dicht gepackten kristallinen Material sind die Atome innerhalb einzelner Ebenen wie in Bild 15 gezeigt angeordnet. Man erkennt drei ausgezeichnete Richtungen (hier durch ein Liniennetz gezeichnet). Nehmen wir an, in einer dieser Richtungen (etwa A – A) wirken Kräfte und ziehen die Atome auseinander. Aufgrund der gegenseitigen Anziehung hat dieses Konsequenzen für die Anordnung der Atome in Richtung quer zu A – A: Sie gleiten in die entstehenden Lücken und vermindern damit ihren Abstand in Querrichtung. Eine geometrische Betrachtung dieses Vorganges liefert unmittelbar einen (Näherungs-) Wert für μ.

---

[13] Augustin Louis Cauchy (1789-1857);

[14] Kristallin sind feste Körper, deren Bauelemente sich während des Wachstums räumlich periodisch anlagern, und zwar in ebenen Flächen.

[15] Amorph sind feste Körper, die sich im Gegensatz zu den Kristallen aus unregelmäßig angeordneten Atomen oder Molekülen aufbauen.

vor der Verformung

nach der Verformung

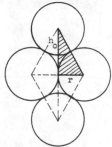

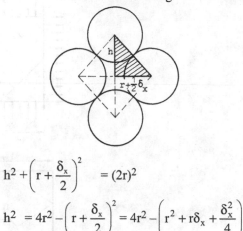

$$(2r)^2 = r^2 + h_0^2$$
$$h_0^2 = 3r^2$$
$$h_0 = r\sqrt{3}$$

$$h^2 + \left(r + \frac{\delta_x}{2}\right)^2 = (2r)^2$$

$$h^2 = 4r^2 - \left(r + \frac{\delta_x}{2}\right)^2 = 4r^2 - \left(r^2 + r\delta_x + \frac{\delta_x^2}{4}\right)$$

$$= 3r^2 - r\delta_x - \frac{\delta_x^2}{4}$$

$$h^2 \approx 3r^2 - r\delta_x$$

$$h = r\sqrt{3}\sqrt{1 - \frac{\delta_x}{3r}} = r\sqrt{3}\left(1 - \frac{1}{6}\frac{\delta_x}{r} + \dots\right)$$

$$= r\sqrt{3} - \frac{\sqrt{3}}{6}\delta_x.$$

Bild 16 Geometrische Betrachtung

Die Änderung der Querabmessung beträgt damit $\Delta h = h - h_0 = -\frac{\sqrt{3}}{6}\delta_x$, was einer

Querdehnung $\varepsilon_q = \Delta h / h_0 = -\frac{\sqrt{3}}{6}\delta_x / r\sqrt{3} = -\delta_x / 6r$ entspricht.

Die Änderung der maßgebenden Längsabmessung beträgt δ_x, welches einer Längs-dehnung von $\varepsilon_l = \delta_x / (2 \cdot r)$ entspricht. Dies ergibt ein Dehnungsverhältnis von $\mu = -\varepsilon_q / \varepsilon_l = 1/3$. Diese Untersuchung zeigt übrigens, dass die Querkontraktionszahl nur im Bereich kleiner Verformungen als konstant ungesehen werden kann. Bei der Betrachtung großer Verformungen muss μ als Funktion von der Verformung ange-setzt werden.

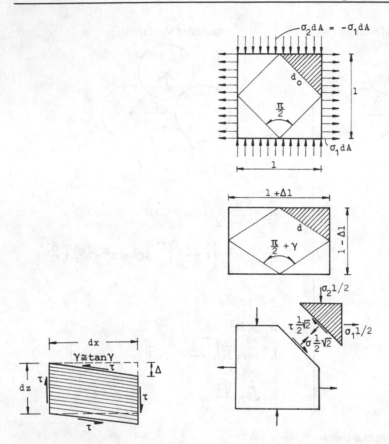

Bild 17 Zur Definition der Gleitung   **Bild 18**   Zur Berechnung des Gleitmoduls

Das Verhalten von Stahl bei Zug- und Druckbeanspruchung ist nun ausreichend bekannt. Unbekannt ist noch sein Verhalten bei Scherbeanspruchung. Es ist nun keine einfache Sache, in einem Probekörper einen homogenen Schubspannungszustand zu erzeugen vergleichbar dem homogenen Zugspannungszustand im Zugstab. Es ist jedoch möglich, einen Stab durch ein allmählich steigendes Torsionsmoment zu beanspruchen, die zugehörigen Verdrehungen zu messen und diese Werte in ein Schubspannungs-Gleitungs-Diagramm umzusetzen. Als Maß für die Verformung wird dabei die Änderung eines Winkels – gemessen im Bogenmaß – angegeben, wie in Bild 17 dargestellt. Tatsächlich handelt es sich dabei um die (auf die Längeneinheit) bezogene Parallelverschiebung zweier Querschnitte: $\tan\gamma = \dfrac{\Delta}{dx} \approx \gamma$. Das sich aus dem oben angedeuteten Torsionsversuch ergebende τ-γ-Diagramm hat generell das gleiche Aussehen wie ein σ-ε-Diagramm, allerdings liegen die Spannungswerte niedriger und die Gleitungswerte höher. Die Stelle des E-Moduls nimmt der sogenannte Gleitmodul G ein, sodass man auch spricht vom Hookeschen Gesetz für die Gleitung: $\tau = G \cdot \gamma$

Der Wert der Größe G kann natürlich dem τ-γ-Diagramm unmittelbar entnommen werden (durch Messung des Neigungswinkels der Spannungsgeraden im linearen Bereich), er kann jedoch auch bestimmt werden mit Hilfe der beiden (anderen) Materialkonstanten E und μ. Dazu betrachten wir ein Element, das wie in Bild 18 dargestellt beansprucht sei. Die Dehnungen dieses Elementes ergeben sich unmittelbar zu

$$\varepsilon_1 = \frac{1}{E}(\sigma_1 - \mu\sigma_2) = \frac{1}{E}\sigma_1(1+\mu)$$

$$\varepsilon_2 = \frac{1}{E}(\sigma_2 - \mu\sigma_1) = -\frac{1}{E}\sigma_1(1+\mu)$$

Es ist also $\varepsilon_2 = -\varepsilon_1$.

Die zu diesen Dehnungen gehörenden Längenänderungen betragen

$$\Delta l_1 = \varepsilon_1 \cdot l, \qquad \Delta l_2 = \varepsilon_2 \cdot l = -\varepsilon_1 \cdot l = -\Delta l_1;$$

die Verlängerung der Kanten des Würfels in einer Richtung ist also (betragsmäßig) ebenso groß wie die Verkürzung seiner Kanten in der anderen Richtung.

Markieren wir nun auf der Oberfläche dieses Elements vor der Verformung ein zweites quadratisches Element wie dargestellt, so stellen wir fest, dass daraus bei der Verformung ein Rhombus mit annähernd unveränderter Kantenlänge wird:

Vor der Verformung gilt

$$d_0 = \sqrt{\left(\frac{l}{2}\right)^2 + \left(\frac{l}{2}\right)^2} = \frac{1}{2} \cdot \sqrt{2} \cdot l\,;$$

Nach der Verformung gilt

$$d = \frac{1}{2} \cdot \sqrt{l^2 + 2l\Delta l^2 + \Delta l^2 + l^2 - 2l\Delta l^2 + \Delta l^2}$$

$$= \frac{1}{2}\sqrt{2}\sqrt{l^2 + \Delta l^2} = \frac{1}{2}\sqrt{2}\,l\sqrt{1+\varepsilon^2}$$

Wir entwickeln den Wurzelausdruck in eine Reihe und erhalten:

$$d = \frac{1}{2} \cdot \sqrt{2} \cdot l \cdot \left(1 + \frac{1}{2}\varepsilon^2 - \frac{1}{8}\varepsilon^4 + ...\right) \approx$$

$$\frac{1}{2} \cdot \sqrt{2} \cdot l$$

Die Verformung dieses Rhombus besteht aus einer reinen Gleitung. Die Gleitwinkel lassen sich leicht angeben:

$$\tan\left(\frac{\pi}{4}+\frac{\gamma}{2}\right)=\frac{\frac{1}{2}\cdot(l+\Delta l)}{\frac{1}{2}\cdot(l-\Delta l)}=\frac{1+\dfrac{\Delta l}{l}}{1-\dfrac{\Delta l}{l}}$$

wegen $\tan(\alpha+\beta)=\dfrac{\tan\alpha+\tan\beta}{1-\tan\alpha\tan\beta}$ gilt $\tan\left(\dfrac{\pi}{4}+\dfrac{\gamma}{2}\right)=\dfrac{1+\tan\dfrac{\gamma}{2}}{1-\tan\dfrac{\gamma}{2}}$,

sodass wir schreiben können

$$\frac{1+\tan\dfrac{\gamma}{2}}{1-\tan\dfrac{\gamma}{2}}=\frac{1+\varepsilon_1}{1-\varepsilon_1}.\quad\text{Daraus folgt:}\quad\frac{\gamma}{2}=\varepsilon_1.$$

Mit $\gamma=\dfrac{\tau}{G}$ und $\varepsilon_1=\dfrac{\sigma_1}{E}(1+\mu)$ erhält man $\dfrac{\tau}{2G}=\dfrac{\sigma_1}{E}(1+\mu)$.

Drücken wir nun noch τ durch σ_1 aus, dann erhalten wir schließlich die gesuchte Beziehung zwischen G, E und μ.

Zur Ermittlung von $\tau=f(\sigma_1)$ zerlegen wir das Element wie dargestellt und bringen in den Schnittflächen die Kräfte [16] an (allgemein infolge σ und τ).

Eine Gleichgewichtsbetrachtung etwa des rechten oberen Dreiecks liefert dann das Gleichungssystem

$$\sum K_\sigma=0:\quad \sigma\cdot\frac{1}{2}\cdot\sqrt{2}\cdot l+\sigma_1\cdot\frac{l}{2}\cdot\frac{1}{2}\cdot\sqrt{2}-\sigma_1\cdot\frac{l}{2}\cdot\frac{1}{2}\cdot\sqrt{2}=0\ ;$$

$$\sum K_\tau=0:\quad \tau\frac{1}{2}\cdot\sqrt{2}\cdot l-\sigma_1\cdot\frac{l}{2}\cdot\sqrt{2}=0\ ;$$

Es hat die Lösung $\sigma=0$ und $\tau=\sigma_1$. Wir setzen $\tau=\sigma_1$, in den o.a. Ausdruck ein, dividieren beide Seiten durch σ_1 und erhalten nach einer Umstellung die gesuchte Beziehung für den

Gleitmodul: $G=\dfrac{E}{2(1+\mu)}$

---

[16] Solche Gleichgewichtsbetrachtungen werden wir noch oft anstellen. Dabei muss stets bedacht werden, dass Spannungen keine Kräfte sind sondern erst zu resultierenden Kräften zusammengefasst werden müssen.

Für einige wichtige Baustoffe enthält die folgende Tabelle die Werte der Größen E, G und μ.

Tafel 2

			E-Modul E (N/mm^2)	Gleitmodul G (N/mm^2)	Querkontraktions-zahl μ
Stahl DIN 18800-1, November 1990			210.000	81.000	0,3
Holz DIN 1052, Aug. 2004	Nadelholz C24	‖	11.000		
		⊥	370		
	Buche D35	‖	10.000		
		⊥	690		
Beton DIN 1045-1			21.800 bis 34.300		0,0 bis 0,2

Bei der Beschreibung des Zugversuches zu Beginn dieses Abschnittes ist die Rede von einer Belastungsgeschwindigkeit. Das lässt vermuten, dass das Kraft-Verformungs-Verhalten eines Stahlstabes von der Belastungsgeschwindigkeit abhängig ist. Tatsächlich ist dies der Fall. Ohne auf Einzelheiten einzugehen, erwähnen wir, dass eine Senkung der Belastungsgeschwindigkeit zu einem flacheren Spannungs-Dehnungs-Verlauf führt und eine Steigerung zu einem steileren. Das deutet hin auf einen Einfluss der Belastungsdauer. Dieser ist (ebenfalls) vorhanden, wird allerdings bei Stahl erst im Bereich höherer Beanspruchung signifikant.

In jedem Beanspruchungsbereich signifikant ist jedoch der Einfluss der Temperatur des Probestabes. Wir verzichten auch hier auf die Angabe von Einzelheiten und begnügen uns mit dem Hinweis, dass allgemein eine Erhöhung der Temperatur zu einem flacheren Verlauf der σ-ε-Linie führt, eine Senkung zu einem steileren Verlauf.

Schließlich ist noch zu erwähnen, dass auch die Anzahl der Belastungen Einfluss hat auf die Festigkeitswerte eines Werkstoffes. Eingehend untersucht wurde die Abhängigkeit der Zug- (und Druck-) festigkeit von der Anzahl N der Lastspiele, die Wöhlerfestigkeit [17] (Stahlbau) bzw. Ermüdungsfestigkeit (Stahlbetonbau) genannt wird. Wir wollen hier dieses nicht weiter vertiefen.

Noch ein Wort zur Bezeichnung von Stahlsorten. Für Baustähle wird nach der Zugfestigkeit benannt:

S235	hat eine Zugfestigkeit von	360 N/mm^2,	
S275	hat eine Zugfestigkeit von	410 N/mm^2,	
S355	hat eine solche von	490 N/mm^2.	

---

[17] Ermittlung im Dauerschwingversuch; benannt nach A. Wöhler (1819–1914);

Für Betonstahl ist die Bezeichnung in DIN 488 festgelegt. Dabei deutet der Kurz-
name auf die Nenn-Streckgrenze hin:

B500 (Nenn-Streckgrenze = 500 N/mm^2).

Während man bei dem Baustoff Stahl die elastischen Eigenschaften durch einen
Zugversuch bestimmen kann, sind bei Beton mehrere Versuche nötig. DIN 1048
(Prüfverfahren für Beton) beschreibt Eignungs- und Güteprüfungen. Wir übergehen
hier das Prüfen des Frischbetons und schildern kurz nur das Prüfen des Festbetons.
Es können drei Werte bestimmt werden: Die Druckfestigkeit, die Biegezugfestigkeit
und die Spaltzugfestigkeit.

1. Druckfestigkeit

Sie wird i. A. an Würfeln oder Kreiszylindern der in Bild 19a angegebenen Abmessungen bestimmt und ergibt sich zu $\sigma_D = F/A$.

Dabei ist   F = Bruchlast in N;

A = Druckfläche in mm^2

Die an Würfeln festgestellte Druckfestigkeit wird σ_w genannt, die an Zylindern σ_c.

2. Biegezugfestigkeit

Sie wird i. A. an Balken durchgeführt, die durch eine Last oder zwei Lasten beansprucht sind und die in Bild 19b angegebene Abmessungen haben:

Es ergibt sich

$$\max\ M = F \cdot l\,/\,4 \quad \text{(eine Einzellast)}$$

$$\max\ M = F \cdot l\,/\,3 \quad \text{(2 Einzellasten)}$$

$$\sigma_{BZ} = \frac{\max\ M}{W} = 6 \cdot \frac{\max\ M}{b \cdot d^2}$$

F = Bruchlast,

b = Breite des Balkens im Bruchquerschnitt an der Zugseite;

d = Mittlere Höhe des Balkens im Bruchquerschnitt

l = Stützweite des Balkens.

3. Spaltzugfestigkeit

Sie wird in der Regel an Zylindern (Bild 19c) bestimmt und ergibt sich dann zu σ_{SZ}

$$\sigma_{SZ} = \frac{2 \cdot F}{d \cdot h \cdot \pi} = \frac{0,64 \cdot F}{d \cdot h}\ .$$

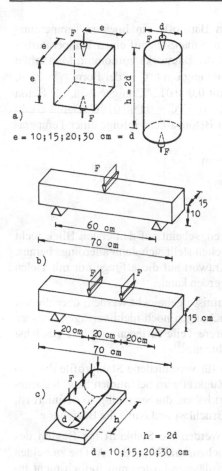

Bild 19
Zur Bestimmung der
a) Druckfestigkeit
b) Biegezugfestigkeit
c) Spaltzugfestigkeit

Von diesen drei Festigkeiten ist für die Bemessung von Stahlbetonbauteilen besonders wichtig die Druckfestigkeit. DIN 1045-1 (Tragwerke aus Beton, Stahlbetonbau und Spannbeton; Bemessung und Konstruktion) wählt die Druckfestigkeit von Zylindern mit 15 cm Durchmesser und 30 cm Höhe oder Würfeln mit 15 cm Kantenlänge im Alter von 28 Tagen, sozusagen als Basisgröße und sieht sogenannte Nennfestigkeit und Festigkeitsklassen vor. Die Bezeichnung der Betonsorten setzt sich aus der Zylinderfestigkeit und der Würfelfestigkeit zusammen. Ein Beton mit der Bezeichnung C20/25 steht für einen Beton mit der Zylinderdruckfestigkeit von 20 N/mm^2 und einer Würfeldruckfestigkeit von 25 N/mm^2.

Wir haben Bauteile bzw. Probekörper bisher mechanische (also durch Kräfte) beansprucht und ihr Formänderungsverhalten beobachtet. In der Praxis werden Bauwerke und Bauteile natürlich auch thermisch (also durch Wärme) beansprucht. Wir erwähnen deshalb, dass sich für die meisten Baustoffe ein lineares Temperatur-Verformungsverhalten herausgestellt hat, solange man sich auf einen Temperaturbereich beschränkt, wie er im Gebrauchszustand des Bauwerks vorkommt. Man erhält also die Dehnung infolge einer Temperaturerhöhung um t °C in der Form $\varepsilon_t = \alpha_t \cdot t$. Die lineare Wärmedehnzahl α_t ist für Stahl mit 0,000 012/°C angegeben, für Beton (und die Stahleinlagen in Stahlbeton) in mit $1 \cdot 10^{-5}$/°C = 0,000 01/°C. Damit ergibt sich z. B. die Verlängerung eines 30 m langen Betonbalkens infolge einer Temperatur – Erhöhung von 20°C zu

$$\Delta l_t = 30 \cdot 20 \cdot 0,000\,01 = 0,006 \text{ m} = 6 \text{ mm}.$$

1.4 Sicherheit der Tragwerke

Die Frage nach der Sicherheit von Tragwerken, scheint auf den ersten Blick recht einfach, fast trivial zu sein. Bei näherem Hinsehen stellt sich dann allerdings heraus, dass eine eindeutige und allgemein gültige Antwort auf diese Frage nur mit vielen Vorbehalten und Einschränkungen gegeben werden kann.

Da für dieses „nähere Hinsehen" (Vor-) Kenntnisse gebraucht werden, über die wir beim augenblicklichen Stand unserer Untersuchungen noch nicht verfügen, müssen wir die Betrachtungen zur Sicherheit in mehrere Teile zerlegen und hier zunächst mit einem einführenden ersten Teil vorlieb nehmen. [18]

Nehmen wir an, uns sei die Aufgabe gestellt, für verschiedene Stahlprofile die entsprechenden Lasten, genauer die zulässigen Zugkräfte zu bestimmen bzw. festzulegen. Da, wie wir im vorigen Abschnitt gezeigt haben, die Spannung so definiert ist, dass für jede beliebige Last N (zwischen der Bruchlast und Null) die Beziehung $\sigma = N/A$ gilt, kann unmittelbar angegeben werden die Stabkraft bei Beginn des Fließens $N_S = \beta_s \cdot A$ und die Stabkraft im Bruchzustand $N_U = \beta_z \cdot A$. Die zu beiden Stabkräften gehörenden Lasten kommen als zulässige Lasten nun freilich nicht infrage; N_U (oder eine Last unmittelbar unter N_U) schon deshalb nicht, weil eine geringe Überschreitung dieser Last einen Bruch herbeiführt. Hinzu kommt, dass

1. lange vor Erreichen von N_U unangenehm große Längenänderungen auftreten,
2. diese Längenänderungen größtenteils bleibend sind.

Um diese beiden unerwünschten Erscheinungen zu vermeiden, muss man mindestens auf N_S heruntergehen. Man wird jedoch mit der zulässigen Last noch weiter hinunter gehen, weil die Wahrscheinlichkeit groß ist, dass diese zulässige Last, die aus Gründen der Wirtschaftlichkeit mit der Gebrauchslast übereinstimmen wird, im

---

[18] Tatsächlich könnte man die Behandlung von Fragen der Sicherheit ohne Systematik – Einbuße insgesamt zurückstellen, würde dann bei der Berechnung von Spannungen aber ohne jeden Bezug zur Wirklichkeit sein.

praktischen Gebrauch irgendwann einmal (mindestens kurzzeitig) überschritten wird.

Durch Vereinbarung eines bestimmten Sicherheitsbeiwertes γ kommen wir damit zu

$$\text{zul N} = \frac{\beta_z \cdot A}{\gamma} = \text{zul } \sigma \cdot A \; .$$

Wir sehen, dass es wegen der vorhandenen Linearität zwischen Normalkraft und Spannung in diesem Fall möglich ist, mit zulässigen Spannungen zu arbeiten anstatt mit zulässigen Schnittgrößen. Das vereinfacht, wie wir noch sehen werden, die Organisation von statischen Berechnungen außerordentlich. Wir haben damit bereits eine von drei Formen kennengelernt, in die wir die Beziehung $\sigma = N/A$ bringen können: [19]

1. $\sigma = \dfrac{N}{A}$ genauer vorh $\sigma = \dfrac{\text{vorh N}}{\text{vorh A}}$ (Spannungsnachweis)

2. $N = A \cdot \sigma$ genauer zul $N = \text{vorh A} \cdot \text{zul } \sigma$ (Beanspruchbarkeit)

3. $A = \dfrac{N}{\sigma}$ genauer erf $A = \dfrac{\text{vorh N}}{\text{zul}\sigma}$ (Bemessung)

Die oben beschriebene Vorgehensweise ist eine Berechnung nach dem sogenannten „globalen Sicherheitskonzept". Hierbei wird die gesamte Unsicherheit der Berechnung, die aus dem Belastungsanteil und dem Materialanteil besteht, durch einen globalen Sicherheitsfaktor γ in die Berechnung eingeführt. Die Größe dieses globalen Sicherheitsfaktors beträgt für übliche Verhältnisse 1,75 oder 2,10. Wir wollen dieses globale Sicherheitskonzept hier nicht weiter vertiefen, weil es inzwischen veraltet ist. Heute wird fast nur noch nach dem sogenannten „Teilsicherheitskonzept" gearbeitet.

Bei diesem Teilsicherheitskonzept arbeitet man mit mehreren Sicherheitsfaktoren, den „Teilsicherheitsfaktoren". Für Belastungsanteile und für Materialien gibt es unterschiedliche Teilsicherheitsfaktoren. Die Teilsicherheitsfaktoren haben Werte, die größer als 1,0 sind. Durch Multiplikation der Belastungen werden diese (rechnerisch) erhöht und durch Division der Materialwerte durch die Teilsicherheitswerte werden die Materialwerte (rechnerisch) verringert. Die anfänglichen Werte werden als „charakteristische" Werte bezeichnet und mit einem Index „c" gekennzeichnet. Die mit den Teilsicherheitswerten umgerechneten Werte „werden als Bemessungswerte" (englisch: design) bezeichnet und mit dem Index „d" bezeichnet. Das gesamte Vorgehen demonstrieren wir an folgendem Beispiel:

---

[19] Eine solche Umformung ist bei beliebiger Beanspruchung nicht möglich.

Ein Flachstahl aus S235 wird durch eine Zugkraft beansprucht. Diese Zugkraft setzt sich aus einer Eigengewichtlast von 12 kN und einer Verkehrslast von 45 kN zusammen. Der Flachstahl ist zu bemessen!

Charakteristische Werte:	ständige Last	$G_k = 12$ kN
	nicht ständige Last	$Q_k = 45$ kN
	Materialfestigkeit	$f_k = 235$ N/mm^2

Teilsicherheitsbeiwerte:	ständige Last	$\gamma_G = 1{,}35$
	nicht ständige Last	$\gamma_Q = 1{,}50$
	Material Baustahl	$\gamma_M = 1{,}10$
	Material Betonstahl	$\gamma_M = 1{,}15$
	Material Beton	$\gamma_M = 1{,}35$

Bemessungswerte: Bemessungslast

$$N_d = \gamma_G \cdot G_k + \gamma_Q \cdot Q_k$$

$$N_d = 1{,}35 \cdot 12 + 1{,}50 \cdot 45 = 83{,}7 \text{ kN}$$

Bemessungsfestigkeit

$$f_d = \frac{f_k}{\gamma_M} = \frac{235}{1{,}10} = 214 \ \frac{N}{mm^2}$$

Bemessung: $\mathrm{erf} \ A = \dfrac{N_d}{f_d} = \dfrac{83{,}7 \cdot 1000 \ N}{214 \ N/mm^2} = 391 \ mm^2$

Gewählt: Flachstahl   Dicke = 10 mm, Breite = 40 mm mit vorh A = 400 mm^2

Nachweis: **vorh A = 400 mm^2 > 391 mm^2 = erf A**

2 Schnittgrößen und zugehörige Spannungen in Stabquerschnitten

In unseren bisherigen Betrachtungen ist die Frage nach der Beanspruchung von Bauteilen nur am Rande erwähnt worden. Ihre Beantwortung stellt zwar nicht das Endziel unserer Bemühungen dar, ist jedoch im Hinblick auf die Notwendigkeit, Bauteile zu entwerfen und wirtschaftlich zu bemessen, von entscheidender Wichtigkeit. Tatsächlich gibt ihre Behandlung einem großen Teil der bisher angestellten Untersuchungen erst ihren Sinn. Während nämlich die Kenntnis der Stützgrößen eines Bauteils für sich als wünschenswert erkennbar ist, konnte die Kenntnis der Schnittgrößen bisher nicht konkret verwertet werden. Was es für den Querschnitt eines Bauteils bedeutet, eine bestimmte Normal- oder Querkraft bzw. ein bestimmtes Biege- oder Torsionsmoment zu übertragen, können wir bisher nur vermuten. In diesem Kapitel nun werden wir ermitteln, welche Art von Spannungen zu den verschiedenen Schnittgrößen gehört, wie ihre Verteilung über den Querschnitt und ihre Größe in einzelnen Punkten dieses Querschnitts ist. Sind diese Dinge einmal bekannt, dann, kann jedes Bauteil seiner Belastung entsprechend bemessen werden. Dies allerdings kann nur mit Vorbehalt gesagt werden. Bekannt am Ende dieses Kapitels werden nämlich nur die auf einer Querschnittsfläche wirkenden Spannungen sein.

Wir haben oben an einer Stelle von Spannungen gesprochen, die „zu den verschiedenen Schnittgrößen gehören". Diese Formulierung deutet darauf hin, dass es sich bei einer bestimmten Schnittgröße und der zugehörigen Spannungsverteilung um äquivalente Kraftsysteme handelt, wobei die Schnittgröße (wie wir wissen) die Resultierende der Spannungskräfte in einem Querschnitt ist. Die in diesem zweiten Kapitel immer wieder zu lösende Aufgabe wird deshalb sein, zu einem gegebenen einfachen Kraftsystem (bestehend aus einer Schnittgröße oder mehreren) ein weniger einfaches zu finden, nämlich flächenmäßig verteilte Kräfte: die Spannungen. Es handelt sich hier also um die Umkehrung der Reduktion eines Kraftsystems, wie wir sie in Band 1 kennengelernt haben. Dementsprechend werden wir es in diesem Kapitel im Allgemeinen nicht mit Gleichgewichtsbetrachtungen zu tun haben, sondern mit Äquivalenzbetrachtungen.

2.1 Allgemeines

Im Folgenden werden stabförmige Bauteile untersucht, deren Stabachse gerade ist und deren Querschnittsform und -größe gleichbleibend ist oder sich jedenfalls nur allmählich ändert. Alle Lasten eines solchen Bauteils sollen in ein und derselben Ebene (der

Lastebene) wirken. Enthält diese Ebene nicht die Stabachse, denn werden in jedem Stabquerschnitt i. A. sechs Schnittgrößen übertragen, drei Schnittkräfte und drei Schnittmomente (siehe auch Bild 1). Bei dem Versuch, eine der Wirkung der sechs Schnittgrößen äquivalente Spannungsverteilung zu finden, werden wir nach einem bewährten Rezept vorgehen: Wir werden die sechs Schnittgrößen der Reihe nach einzeln angreifen lassen und jeweils die zugehörige Spannungsverteilung ermitteln. Wir verfahren so nicht ohne Vorbehalt. Es könnte dabei nämlich der Eindruck: entstehen, diese sechs Schnittgrößen wären alle unabhängig voneinander. Was freilich nicht so ist oder jedenfalls nicht durchweg so. Zwar kann man von einer gegebenen Belastung diejenigen Lasten oder Lastkomponenten abspalten, die Normalkräfte oder Torsionsmomente erzeugen, man kann aber nie das Entstehen von Querkräften trennen vom Auftreten entsprechender Biegemomente. Diese beiden Schnittgrößen sind, wie wir wissen, unlösbar miteinander verbunden. [20] Auf diese Verbindung und Abhängigkeit werden wir bei der Behandlung der Querkraft zurückgreifen müssen.

Bei der Untersuchung von Spannungsfragen hat sich gezeigt, dass sich nicht für alle Querschnittsformen geschlossene Lösungen mit gleichem Aufwand angeben lassen. Wir werden deshalb jeweils für bestimmte Querschnitte die gesuchten Beziehungen herleiten und diese dann so allgemein wie möglich formulieren. Eine solche Generalisierung bringt es mit sich, dass die Anwendung der entsprechenden Formeln und die Interpretation der mit ihnen ermittelten Ergebnisse mit Bedacht geschieht.

2.2 Spannungen in einem Rechteckquerschnitt, auf den N, M_y und M_z wirken

Wir wollen zunächst den wohl am häufigsten auftretenden Fall untersuchen, bei dem alle Lasten direkt auf die Stabachse wirken, die Stabachse also in der Lastebene liegt (Bild 20). Dann werden in einem Stabquerschnitt i. A. die Normalkraft N (häufig auch Längskraft genannt), die Biegemomente M_y und M_z und die Querkräfte V_z und V_y übertragen, während ein Torsionsmoment mit Sicherheit fehlt.

Im Hinblick auf die Richtung der zugehörigen Spannungen bzw. Spannungskomponenten (relativ zur Querschnittsfläche) lassen sich, wie wir wissen, die hier wirkenden Schnittgrößen in zwei Gruppen einteilen: die Querkräfte V_z und V_y als Resultierende von Tangential- bzw. Schubspannungen und die Biegemomente M_y und M_z zusammen mit der Normalkraft N als (Teil-) Resultierende von Normalspannungen. In diesem Abschnitt wollen wir die Verteilung der Normalspannungen bestimmen, die zu einer zweiachsig ausmittigen Längskraft, dargestellt durch die Schnittgrößen

---

[20] Zu einer von Null verschiedenen Querkraft gehört grundsätzlich ein sich mit x änderndes Biegemoment: V = dM/dx.

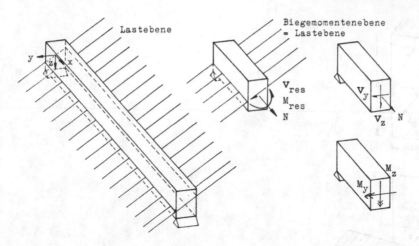

Bild 20 Die Lastebene enthält die Stabachse; auftretende Schnittgrößen

N, M_y und M_z gehört. Sie Suche nach Hinweisen über die Art der Spannungsverteilung führt uns – wir haben darüber im vorangegangenen Kapital gesprochen – zur
Beobachtung des Formänderungsverhaltens des beanspruchten Stabes. Ein solcher
Stab wird, wie man sich leicht vorstellt, bei Belastung i.A. in seiner Länge geändert
und in einer Ebene, die nicht Lastebene sein muss, gebogen. Hat man auf der Oberfläche eines solchen Stabes vor der Verformung die Schnittlinien irgendeiner Querschnittsebene mit der Oberfläche markiert, so stellt man nach der Verformung fest,
dass diese Schnittlinien immer noch. nahezu in einer Ebene liegen. Die Annahme ist
deshalb berechtigt, dass bei der Verformung dieses Stabes ebene Querschnitte eben
bleiben. Tatsächlich trifft dies, wie schon angedeutet, im allgemeinen Fall der sogenannten Querkraftbiegung (wir haben es in unserem Fall mit solcher Querkraftbiegung zu tun) nicht exakt zu. Die Abweichungen sind jedoch bei stabförmigen Bauteilen (bei denen sind die Querschnittsabmessungen klein im Vergleich zur Län-
genabmessung, sodass die Lasten hauptsächlich Biegung verursachen) im Bereich
großer Biegemomente so klein, dass sie zugunsten einer handlichen Lösung (technische Biegelehre) vernachlässigt werden können. In Bereichen großer Querkräfte –
also etwa in Auflagernähe – wird man allerdings auch bei stabförmigen Bauteilen an
die so entwickelte Lösung keine allzu großen Genauigkeitsanforderungen stellen
dürfen. Diese Annahme vom Ebenbleiben der Querschnitte bei Biegung mit und
ohne Längskraft, von der wir bereits in Kapitel 1 sprachen, ist für die Entwicklung
der technischen Biegetheorie von fundamentaler Bedeutung. Sie wurde von dem
seinerzeit in Basel lebenden Mathematiker Jacob *Bernoulli* (1654 – 1705) zuerst

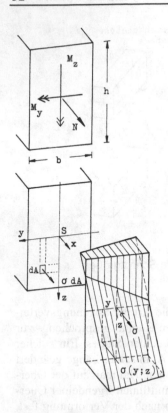

Bild 21
Zur Äquivalenz von verteilter Flächenbelastung und
Schnittgrößen

formuliert und wird deshalb auch Bernoulli – Hypothese genannt. Bleiben nun zwei
in einem beliebigen Abstand voneinander entfernt liegende Querschnittsebenen bei
der Verformung eben, dann müssen [21] die Längenänderungen der einzelnen Fasern
zwischen Ihnen linear über den Querschnitt verteilt sein: $\Delta l = ax + by + \Delta l_0$. Da
diese Fasern bei einem geraden Stab ursprünglich alle gleich lang waren, muss sich
auch für den Quotienten $\dfrac{\text{Längenänderung}}{\text{Ursprungslänge}}$ eine lineare Verteilung ergeben. Dieser

Quotient ist freilich nichts anderes als die Faserdehnung $\varepsilon = \dfrac{\Delta l}{l} = \dfrac{\delta}{l}$. Wir erhalten

die zu dieser linearen Dehnungsverteilung gehörende Spannungsverteilung, indem
wir die für das jeweils vorhandene Material gültige Spannungs-, Dehnungs-
Beziehung einführen (siehe Kapitel 1, Zugversuch.). Für die konstruktiven Baustof-

---

[21] Deshalb die Forderung, dass alle Lasten in einer Ebene liegen; dann nämlich ist das Verhältnis M_y/M_z für alle Querschnitte gleich.

fe Stahl und Holz kann, wie wir wissen, in bestimmten Grenzen mit Proportionalität zwischen Spannungen und Dehnungen gerechnet werden, sodass in diesen Fällen hier das Hookesche Gesetz $\sigma = E\,\varepsilon$ einzuführen ist. Damit ergibt sich, dass auch, die (Normal-)Spannungen linear über den Querschnitt verteilt sind, genauer, dass die Normalspannung eine lineare Funktion der Querschnittskoordinaten y und z ist:

$$\sigma = my + nz + \sigma_0.$$

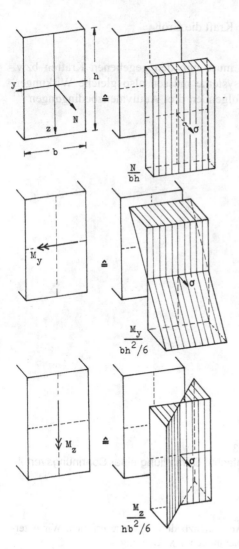

Bild 22
Drei einfache Sonderfälle

Dementsprechend ergibt sich, graphisch im σ-y-z-Raum eine Ebene, wenn man die Spannungen über der Querschnittsfläche aufträgt.

Für den Fall, dass der beanspruchte Stab einen rechteckigen Querschnitt hat und dessen zwei Symmetrieachsen mit der y- bzw. z-Achse zusammenfallen, wollen wir nun die Spannungsverteilung ermitteln (Bild 22). Liegt auf einem Flächenelement von der Größe

$$dA = dy\,dz$$

die Spannung σ, dann hat die resultierende Kraft die Größe

$$dF = \sigma\,dy\,dz.$$

Die Summe dieser resultierenden Kräfte muss nun den gegebenen Kräften bzw. Kraftgrößen äquivalent sein, beide Kraftsysteme müssen also gleiche Wirkungen hervorrufen; sie tun dies, wenn z.B. die folgenden drei Äquivalenzbedingungen [22] von ihnen erfüllt werden:

$$\int_{(A)} \sigma\,dA = N$$

$$\int_{(A)} z\,\sigma\,dA = M_y$$

$$\int_{(A)} y\,\sigma\,dA = -M_z$$

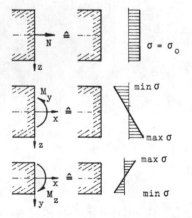

Bild 23
Vereinfachte Darstellung einer Spannungsverteilung

---

[22] Im allgemeinen Fall sind natürlich sechs Äquivalenzbedingungen zu erfüllen. Wir untersuchen augenblicklich jedoch nur Normalspannungen in x-Richtung.

Die Verwendung der Beziehung

σ = my + nz + σ_0 und dA = dy dz liefert, wenn die Integrationsgrenzen gleichzeitig angepasst werden, die drei Gleichungen

$$\int_{-\frac{h}{2}}^{+\frac{h}{2}} \int_{-\frac{b}{2}}^{+\frac{b}{2}} \left(my+nz+\sigma_0\right) dy\, dz = N$$

$$\iint z\left(my+nz+\sigma_0\right) dy\, dz = M_y$$

$$\iint y\left(my+nz+\sigma_0\right) dy\, dz = -M_z$$

Diese Gleichungen können nun als Bestimmungsgleichungen für die drei unbekannten Größen m, n und σ_0 aufgefasst und nach Integration mühelos nach ihnen aufgelöst werden.

$$\int_{-\frac{h}{2}}^{+\frac{h}{2}} \left[\frac{m}{2}y^2+n\,z\,y+\sigma_0 y\right]_{-\frac{b}{2}}^{+\frac{b}{2}} dz = \int_{-\frac{h}{2}}^{+\frac{h}{2}} \left(\frac{m}{2}0+n\,z\,b+\sigma_0 b\right) dz =$$

$$= \left[\frac{n}{2}b z^2+\sigma_0 b z\right]_{-\frac{h}{2}}^{+\frac{h}{2}} = \frac{n}{2}b0+\sigma_0\,b\,h = N \rightarrow \sigma_0 = \frac{N}{b\cdot h}$$

$$\int_{-\frac{h}{2}}^{+\frac{h}{2}} \int_{-\frac{b}{2}}^{+\frac{b}{2}} (m\,y\,z+nz^2+\sigma_0 z)\,dy\, dz = M_y$$

$$\int_{-\frac{h}{2}}^{+\frac{h}{2}} \left[\frac{m}{2}y^2 z+n\,z^2\,y+\sigma_0\,z\,y\right]_{-\frac{b}{2}}^{+\frac{b}{2}} dz = \int_{-\frac{h}{2}}^{+\frac{h}{2}} \left(\frac{m}{2}z0+n\,z^2 b+\sigma_0\,z\,b\right) dz =$$

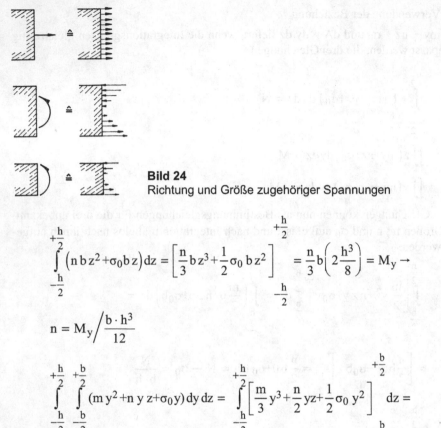

Bild 24
Richtung und Größe zugehöriger Spannungen

$$\int_{-\frac{h}{2}}^{+\frac{h}{2}} \left(n\,b\,z^2 + \sigma_0 b\,z \right) dz = \left[\frac{n}{3} b\,z^3 + \frac{1}{2} \sigma_0\, b\,z^2 \right]_{-\frac{h}{2}}^{+\frac{h}{2}} = \frac{n}{3} b \left(2\,\frac{h^3}{8} \right) = M_y \rightarrow$$

$$n = M_y \bigg/ \frac{b \cdot h^3}{12}$$

$$\int_{-\frac{h}{2}}^{+\frac{h}{2}} \int_{-\frac{b}{2}}^{+\frac{b}{2}} (m\,y^2 + n\,y\,z + \sigma_0 y)\,dy\,dz = \int_{-\frac{h}{2}}^{+\frac{h}{2}} \left[\frac{m}{3} y^3 + \frac{n}{2} yz + \frac{1}{2} \sigma_0\, y^2 \right]_{-\frac{b}{2}}^{+\frac{b}{2}} dz =$$

$$\int_{-\frac{h}{2}}^{+\frac{h}{2}} \left[\frac{m}{3} \left(2\,\frac{b^3}{8} \right) + \frac{n}{2} \cdot b \cdot z \right] dz = \left[\frac{m\,b^3}{12} z + \frac{n}{2} \cdot b\,\frac{z^2}{2} \right]_{-\frac{h}{2}}^{+\frac{h}{2}} = \frac{1}{12} m\,b^3 h + 0 = -M_z$$

$$\rightarrow m = -M_z \bigg/ \frac{b^3 h}{12}$$

Damit ergibt sich
$$\sigma = \frac{-M_z}{\dfrac{h\,b^3}{12}} y + \frac{M_y}{\dfrac{b\,h^3}{12}} z + \frac{N}{b\,h}$$

Oder konkreter $\qquad \sigma_x\,(x,y,z) = \dfrac{-M_z(x)}{\dfrac{h\,b^3}{12}}\,y + \dfrac{M_y(x)}{\dfrac{b\,h^3}{12}}\,z + \dfrac{N(x)}{b\,h}$

Indem man in dieser Beziehung eine oder zwei der Größen M_y ,M_z und N gleich Null setzt, erhält man Ausdrücke wie

$$\sigma = \frac{N}{b\,h} \qquad\qquad \text{für } M_y = M_z = 0$$

$$\sigma = \sigma(z) = \frac{M_y}{\dfrac{b\,h^3}{12}}\,z \qquad \text{für } M_z = N = 0$$

$$\sigma = \sigma(y) = -\frac{M_z}{\dfrac{h\,b^3}{12}}\,y \qquad \text{für } M_y = N = 0$$

Diese Funktionen sind in Bild 22 graphisch dargestellt. Bild 23 zeigt eine vereinfachte Form der Darstellung, wie sie allgemein üblich ist. Diese Darstellung einer mathematischen Funktion ist nicht zu verwechseln mit der Darstellung der zu den Spannungen gehörenden Vektoren (Bild 24). Diesem Bild kann neben der Größe der Spannungskräfte auch deren Richtung entnommen werden, während Bild 23 nur die Größe (Verteilung) der Spannungen zu entnehmen ist.[23] Selbstverständlich sind neben den Koordinaten y und z auch die Schnittgrößen mit Vorzeichen behaftet, können also ebenfalls positive und negative Werte annehmen. Ergibt sich auf diese Weise bei der Normalspannung ein negatives Vorzeichen (bzw. ein negativer Wert), so handelt es sich (entsprechend der Definition von Normalspannungen) um eine Druckspannung.

Bei der Beanspruchung durch M_y ergeben sich für die Normalspannungen die Extremwerte

$$\max \sigma = \sigma\left(\frac{h}{2}\right) = +\frac{M_y}{\dfrac{b\,h^2}{6}} \quad\text{und}\quad \min \sigma = \sigma\left(-\frac{h}{2}\right) = -\frac{M_y}{\dfrac{b\,h^2}{6}}$$

Die entsprechenden Werte für eine Beanspruchung durch M_z lauten

$$\max \sigma = \sigma\left(-\frac{b}{2}\right) = +\frac{M_z}{\dfrac{h\,b^2}{6}} \quad\text{und}\quad \min \sigma = \sigma\left(\frac{b}{2}\right) = -\frac{M_z}{\dfrac{h\,b^2}{6}}$$

---

[23] Bei der Darstellung der Schubspannungen werden wir später auf diesen Unterschied zu achten haben.

Man könnte nun für alle möglichen Querschnittsformen solche Formeln aufstellen. Wir werden dies nicht tun, sondern diese Formeln durch Einführung neuer Größen so verallgemeinern, dass sie auf beliebige Querschnitte anwendbar sind. Dies soll im folgenden Abschnitt geschehen.

2.3 Spannungen in beliebig geformten Querschnitten, auf die Normalkräfte und Biegemomente wirken

Im Laufe der nun folgenden Verallgemeinerung werden wir feststellen, dass bei der rechnerischem Behandlung von Biegemomenten mehr Bedingungen bezüglich ihrer Richtung relativ zur Lage des beanspruchten Querschnitts zu beachten und zu erfüllen sind als bei der Behandlung von Normalkräften. Wir werden deshalb Normalkräfte und Biegemomente getrennt behandeln.

2.3.1 Zu einer Normalkraft gehörende Spannungen

In Abschnitt 2.1 haben wir gesehen, dass bei einem rechteckförmigen, also doppelsymmetrischen (homogenen) Querschnitt, zu einer Normalkraft eine gleichmäßige Spannungsverteilung gehört, wenn diese Normalkraft im Schwerpunkt der Querschnittsfläche wirkt. Wir betrachten jetzt das in Bild 25 dargestellte System und schreiben die Bedingungen für Äquivalenz beider Kraftsysteme – des gegebenen (N) und des ermittelten (σ-Verteilung) – an:

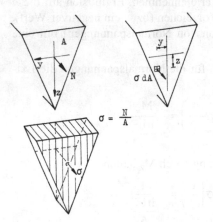

Bild 25
Verteilung der Normalkraft über die Querschnittsfläche

1) $\displaystyle\int\limits_{(A)} \sigma dA = N$

2) $\int\limits_{(A)} z\sigma\,dA \;\;= M_y = 0$

3) $\int\limits_{(A)} y\sigma\,dA \;\;= -M_z = 0$

Da, wie wir ja wissen, σ konstant ist über den Querschnitt, kann es jeweils vor das Integral gezogen werden:

1a) $\sigma \int\limits_{(A)} dA = N$

2a) $\sigma \int\limits_{(A)} z\,dA = 0$

3a) $\sigma \int\limits_{(A)} y\,dA = 0$

In der Gleichung 1a kann die Integration unmittelbar ausgeführt werden: $\int\limits_{(A)} dA = A$.

Damit ergibt sich allgemein $\sigma A = N$ und $\sigma = \dfrac{N}{A}$.

In der Gleichung 2a haben wir es zu tun mit einem Produkt, dessen Wert Null ist. Bekanntlich muss dann mindestens einer der Faktoren Null sein. Es braucht hier nur die Möglichkeit $\int z\,dA = 0$ untersucht zu werden, da der Fall $\sigma = 0$ trivial ist. Nun stellt der Ausdruck $z\,dA$ das statische Moment des Flächenelementes dA in Bezug auf die y-Achse dar und entsprechend ist $\int z\,dA$ das statische Moment der Gesamtfläche in Bezug auf die y-Achse. Für eine beliebige Lage der y-Achse ist dieses statische Moment der Gesamtquerschnittsfläche natürlich ungleich Null. Es verschwindet nur für eine Bezugsachse, die durch den Schwerpunkt der Querschnittsfläche geht: für eine Schwerpunktachse. Mit anderen Worten: Die Gleichung 2a kann nur erfüllt werden, wenn die y-Achse eine Schwerpunktachse ist. Für die Gleichung 3a gilt entsprechendes: Sie kann nur erfüllt werden, wenn die z-Achse eine Schwerpunktachse ist. Damit ist klar, dass der Schnittpunkt von y- und z-Achse der Schwerpunkt der Querschnittsfläche sein muss. Das bedeutet: Stab und Bezugssystem müssen so zueinander liegen, dass die x-Achse (= Stabachse) und damit die Wirkungslinie der Normalkraft die Schwerpunkte aller Stabquerschnitte miteinander verbindet, wenn die in einem Querschnitt auftretenden Spannungen durch $\sigma = N/A$ allein korrekt beschrieben sein sollen. Bezeichnet man diese Verbindungslinie der

Schwerpunkte aller Stabquerschnitte als Schwerlinie, dann gilt also: Stabachse = Schwerlinie.

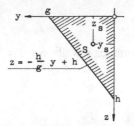

Bild 26
Zur Bestimmung des Schwerpunktes

Wir zeigen hier die Bestimmung des Schwerpunktes für ein Dreieck (Bild 26) und kommen anlässlich der zusammenfassenden Behandlung von Flächenwerten in Kapitel 3 noch einmal hierauf zurück. Per definitionem ist der Schwerpunkt derjenige Punkt, in dem man sich die ganze Fläche vereinigt denken kann, solange es um das statische Moment dieser Fläche um jede beliebige Achse geht. Dementsprechend muss in Bezug auf eine beliebige Achse das statische Moment der im Schwerpunkt konzentrierten Gesamtfläche gleich sein der Summe der statischen Momente der Teilflächen. Diese Aussage kann als Bestimmungsgleichung für den Schwerpunktabstand von der erwähnten Bezugsachse benutzt werden. Wählen wir etwa die y-Achse als Bezugsachse und nennen den Abstand des Schwerpunktes von dieser Achse z_S, dann muss sein

$$z_S A = \int_{(A)} z\,dA = S_y \quad \text{und also} \quad z_S = \frac{1}{A}\int_{(A)} z\,dA = \frac{S_y}{A}$$

Wir wollen jetzt für unser Dreieck den Wert des Integrals bestimmen und ersetzen dazu dA durch dz dy bei gleichzeitiger Anpassung der Integrationsgrenzen:

$$S_y = \int_{(A)} z\,dA = \int_0^g \int_0^z z\,dz\,dy = \int_0^g \frac{1}{2}z^2\,dy = \frac{1}{2}\int_0^g\left(-\frac{h}{g}y+h\right)^2 dy =$$

$$= \frac{1}{2}\left(\frac{h}{g}\right)^2\int_0^g(-y+g)^2\,dy = \frac{1}{2}\left(\frac{h}{g}\right)^2\int_0^g(y^2-2gy+g^2)\,dy =$$

$$= \frac{1}{2}\left(\frac{h}{g}\right)^2\left[\frac{1}{3}y^3 - g\,y^2 + g^2y\right]_0^g = \frac{1}{2}\left(\frac{h}{g}\right)^2\left[\frac{1}{3}g^3 - g^3 + g^3\right] = \frac{1}{6}g\,h^2$$

Das liefert mit $A = \frac{1}{2}g\,h$ den Schwerpunktsabstand $z_S = \frac{1}{3}h$.

Wählen wir nun die z-Achse als Bezugsachse und nennen den Abstand des Schwerpunktes von dieser Achse y_s, dann muss gelten

$$y_s\,A = \int\limits_{(A)} y\,dA = S_z \text{ und also } y_s = \frac{1}{A} \int\limits_{(A)} y\,dA = \frac{S_z}{A}.$$

Damit ergibt sich entsprechend $y_s = \frac{1}{3}g$.

Noch ein Wort zu den entsprechenden Verformungen. Die Dehnung eines Stabelementes ergibt sich mit $\varepsilon = \dfrac{\sigma}{E}$ und $\sigma = \dfrac{N}{A}$ unmittelbar zu (Bild 27)

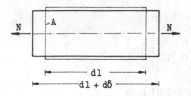

Bild 27
Verformung eines Stabelementes

$$\varepsilon = \frac{N}{E \cdot A}.$$

Für eine Normalkraft bestimmter Größe hängt die Dehnung eines Elementes also nur ab von E und A. Der Elastizitätsmodul E kennzeichnet den Einfluss des Materials, der Querschnittswert A denjenigen der Querschnittsgröße. Das Produkt EA nennt man die Dehnsteifigkeit.

Die Verlängerung $d\delta$ eines Stabelementes von der Ursprungslänge dl ergibt sich unmittelbar zu $d\delta = \dfrac{N}{E \cdot A} \cdot dl$. Integration über die Stablänge liefert

$$\delta = \int\limits_{(l)} \frac{N}{E \cdot A} \cdot dl\,.$$

Sind N, E und A über die Stablänge konstant, so ergibt sich mit

$$N = F \quad \text{unmittelbar} \quad \delta = \frac{F \cdot l}{E \cdot A} \quad \text{bzw.} \quad F = \frac{E \cdot A}{l}\,\delta.$$

Der Faktor $\dfrac{E \cdot A}{l}$ also die auf die Stablänge bezogene Dehnsteifigkeit, wird Federkonstante genannt und mit c bezeichnet:

$$F = c\,\delta \quad \text{mit} \quad c = \frac{E \cdot A}{l}.$$

Zum Schluss die Frage: Welche Belastung erzeugt in einem Stab nur (ausschließlich) den hier ermittelten Spannungs- und Verformungszustand? Die Antwort: Eine Zug- oder Druckkraft in Richtung der Stabachse, gesamtheitlich: Eine mittige Längskraft.

Hierzu ein kleines Zahlenbeispiel:

Ein Stahlstab (S235) der Länge l = 5 m wird durch die Längskraft F = 80 kN beansprucht. Welche Querschnittsfläche muss dieser Stab mindestens haben, wie groß ist die zugehörige Dehnung und um wieviel wird der Stab bei der Verformung länger bei einer Stahlspannung von 160 N/mm²?

Damit ergibt sich erf $A = \dfrac{N}{\sigma} = \dfrac{80000}{160} = 500 \text{ mm}^2 = 5 \text{ cm}^2$

und vorh $\varepsilon = \dfrac{N}{E \cdot A} = \dfrac{80000}{210000 \cdot 500} = 0,762 \cdot 10^{-3} = 0,762\,\dfrac{\text{mm}}{\text{m}}.$

Die Verlängerung des Stabes beträgt $\delta = 0,762 \cdot 5 = 3,81$ mm.

2.3.2 Zu einem Biegemoment gehörende Spannungen

In Abschnitt 2.1 haben wir die Beanspruchung eines (homogenen) doppelsymmetrischen Querschnitts, eines Rechteckquerschnitts, durch Biegemomente untersucht und dabei festgestellt, dass sich bei Beanspruchung durch ein in einer Symmetrie – Ebene des Stabes (etwa der x-z-Ebene) wirkendes Biegemoment eine zu dieser Ebene symmetrische Spannungsverteilung ergibt, bei der die Spannungsnulllinie mit

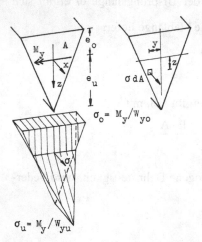

Bild 28
Biegemoment M_y und zugehörige Spannungsverteilung

der zweiten Symmetrie – Achse des Querschnitts (hier der y-Achse) zusammenfällt. Wir wollen jetzt einem Balken, der in der x-z-Ebene belastet wird, einen Querschnitt beliebiger Form geben und untersuchen, welche Forderungen an die Lage bzw. Orientierung dieses Querschnitts in Bezug auf das y-z-System gestellt werden müssen, damit die zu M_y gehörende Spannungsverteilung durch eine Formel vom Typ $\sigma = m \cdot z$ allein beschrieben werden kann. Auch wollen wir den Proportionalitätsfaktor m bestimmen (Bild 28).

Dazu formulieren wir zunächst die drei entsprechenden Äquivalenzbedingungen:

1) $\int\limits_{(A)} \sigma \cdot dA = N = 0$

2) $\int\limits_{(A)} y \cdot \sigma \cdot dA = - M_z = 0$

3) $\int\limits_{(A)} z \cdot \sigma \cdot dA = M_y$

Wir verarbeiten die o. a. Beziehung $\sigma = m \cdot z$ und erhalten

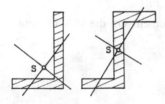

Bild 29
Lage der Schwerpunktshauptachsen
für L- und Z-Profil (qualitativ)

1a) $\int\limits_{(A)} m \cdot z \cdot dA = m \cdot \int\limits_{(A)} z \cdot dA = 0$

2a) $\int\limits_{(A)} y \cdot m \cdot z \cdot dA = m \cdot \int\limits_{(A)} y \cdot z \cdot dA = 0$

3a) $\int\limits_{(A)} z \cdot m \cdot z \cdot dA = m \cdot \int\limits_{(A)} z^2 \cdot dA = M_y$

Die erste Bedingung wird automatisch erfüllt sein, wenn wir, wie verabredet, die y-Achse durch den Schwerpunkt gehen lassen. Die zweite Bedingung freilich wird für eine beliebige bzw. willkürlich angenommene Orientierung der Querschnittsfläche bezüglich des orthogonalen Koordinatensystems (und damit bezüglich der Lastebene) nicht erfüllt sein, auch dann nicht, wenn wie hier verabredungsgemäß der

Flächenschwerpunkt mit dem Koordinatenursprung zusammenfällt. Zu dem Term $\int y \cdot z \cdot dA$ [24] den man Zentrifugal- oder Deviationsmoment nennt und mit I_{yz} bezeichnet, liefern Flächenelemente in den vier Quadranten Beiträge unterschiedlichen Vorzeichens, je nachdem, ob das Produkt $y \cdot z$ ihrer Koordinaten positiv oder negativ ist. Die Flächenelemente im ersten und dritten Quadranten liefern positive Beiträge, diejenigen im zweiten und vierten Quadranten liefern negative Beiträge. Die Summe dieser Beiträge, also der Wert des Integrals, kann somit positiv oder negativ werden und wird für bestimmte Orientierungen des Koordinatensystems auf dem Querschnitt (oder umgekehrt) auch den Wert Null annehmen, wobei sich dann die positiven und negativen Beiträge genau ausgleichen. Koordinatenachsen, die so liegen, dass dies gerade eintritt, nennt man Schwerpunktshauptachsen. Die Bestimmung solcher Schwerpunktshauptachsen für beliebige Querschnittsformen werden wir in Kapitel 3 ausführlich besprechen. Im Vorgriff darauf zeigt Bild 29 deren Lage für einige technisch wichtige Querschnittsformen. Die dritte Gleichung schließlich liefert den Proportionalitätsfaktor m in der allgemeinen Form

$$m = \frac{M_y}{\int\limits_{(A)} z^2 \cdot dA}.$$

Man nennt den Ausdruck $\int z^2 \cdot dA$ Flächenträgheitsmoment um die y-Achse und hat dafür das Symbol I_y eingeführt:

$$I_y = \int\limits_{(A)} z^2 dA$$

Da nur z im Quadrat vorkommt, liefern alle Flächenelemente positive Beiträge, sodass das axiale Flächenträgheitsmoment einer von Null verschiedenen Fläche stets positiv ist. Die Berechnung von axialen Flächenträgheitsmomenten für beliebige Querschnittsformen werden wir in Kapitel 3 ausführlich besprechen.

Wir stellen fest: Wenn Querschnittsfläche und orthogonales Koordinatensystem so zueinander liegen, dass die y- und z-Achse Schwerpunktshauptachsen sind, dann wird die zu einem Biegemoment M_y gehörende Spannungsverteilung durch die Formel

$$\sigma = \frac{M_y}{I_y} z$$

---

[24] Wir brauchen nur den Fall $\int\limits_{(A)} yz\,dA = 0$ zu untersuchen, da der Fall m = 0 trivial ist.

allein korrekt beschrieben. Wie man sieht, werden diejenigen Querschnittsfasern am meisten beansprucht, die den größten Abstand von der y-Achse haben. Man bezeichnet diese Rand – Abstände mit e_0 und e_u und schreibt

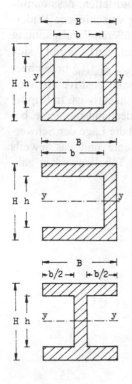

Bild 30
Zur Berechnung des axialen Trägheitsmomentes I_v

$$\sigma_0 = \frac{M_y}{I_y} e_0 \quad \text{und} \quad \sigma_u = \frac{M_y}{I_y} e_u.$$

Die Quotienten I_y/e_0 und I_y/e_u, die für jeden Querschnitt je einen festen Wert haben, hat man Widerstandsmoment genannt und mit W_{y0} bzw. W_{yu} bezeichnet:

$$\sigma_0 = \frac{M_y}{W_{y0}} \quad \text{und} \quad \sigma_u = \frac{M_y}{W_{yu}}$$

Für ein Biegemoment bestimmter Größe hängen die in einem Querschnitt auftretenden Randspannungen also nur ab von den entsprechenden Widerstandsmomenten: Je größer ein Widerstandsmoment, desto kleiner die zugehörige Randspannung. Die Übertragung von Biegemomenten kann deshalb besonders günstig bzw. wirtschaftlich mit solchen Querschnittsformen bewerkstelligt werden, die ein großes Widerstandsmoment haben bei kleinem Materialaufwand, also kleiner Querschnittsfläche.

Deutlicher als oben, wo die drei Größen σ, M und W sozusagen für einen Spannungsnachweis angeordnet sind, wird dies, wenn wir sie so umstellen, dass unmittelbar bemessen werden kann. Da, wenn zwei betragsmäßig verschiedene Widerstandsmomente vorhanden sind, das kleinere von ihnen zur größeren Randspannung führt und diese Randspannung zul σ nicht überschreiten darf, ergibt, sich zul $M_y = W_{y\ maßgebend} \cdot$ zul σ, wenn das kleinere W_y mit $W_{y\ maßgebend}$ bezeichnet wird. Wir erwähnen noch, dass W_y im Gegensatz zu I_y sowohl positive als auch negative Werte annehmen kann, je nachdem, ob e positiv oder negativ ist. In Kapitel 3 werden wir für verschiedene Querschnittsformen die Widerstandsmomente berechnen. Für alle technisch wichtigen Querschnittsformen sind die Lage der Schwerpunktshauptachsen, die zugehörigen axialen Trägheitsmomente und das jeweils kleinste Widerstandsmoment (letzteres ohne Vorzeichen) in Tabellenwerken zah-

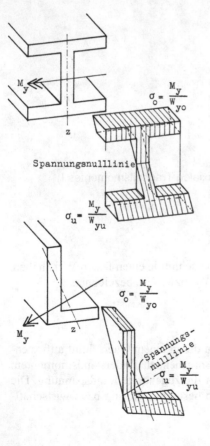

Bild 31
Normalspannungen auf einem I- und
L-Querschnitt

lenmäßig angegeben. Hier zeigen wir für den in Bild 22 dargestelltem Rechteckquerschnitt die Berechnung von I_y, W_{y0}, W_{yu} sowie I_{yz}.

$$I_y = \int\limits_{-\frac{h}{2}}^{+\frac{h}{2}} \int\limits_{-\frac{b}{2}}^{+\frac{b}{2}} z^2 dy\, dz = \int\limits_{-\frac{h}{2}}^{+\frac{h}{2}} z^2 b\, dz = \frac{b}{3}\left[z^3\right]_{-\frac{h}{2}}^{+\frac{h}{2}} = \frac{bh^3}{12}$$

Mit $e_u = +\frac{h}{2}$ und $e_0 = -\frac{h}{2}$ ergibt sich $W_{yu} = +\dfrac{bh^2}{6}$ bzw. $W_{yo} = -\dfrac{bh^2}{6}$.

$$I_{yz} = \int\limits_{-\frac{h}{2}}^{+\frac{h}{2}} \int\limits_{-\frac{b}{2}}^{+\frac{b}{2}} y\, z\, dy\, dz = \int\limits_{-\frac{h}{2}}^{+\frac{h}{2}} \frac{z}{2}\left[y^2\right]_{-\frac{b}{2}}^{+\frac{b}{2}} dz = \int\limits_{-\frac{h}{2}}^{+\frac{h}{2}} \frac{z}{2} 0\, dz = 0\ ^{[25]}$$

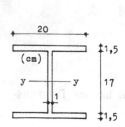

Bild 32

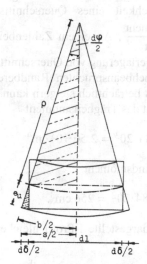

Bild 33 Zur Krümmung eines durch Biegemomente beanspruchten Stabelementes

---

[25] Man sieht hier, dass das Zentrifugalmoment verschwindet schon dann, wenn eine der beiden Bezugsachsen eine Symmetrieachse ist.

Damit ergibt sich, wie wir schon wissen, zul M_y = zul σ b $h^2/6$. Das zulässige übertragbare Biegemoment ist also proportional dem Quadrat der Balkenhöhe. Daher kann z. B. durch eine Verdoppelung der Balkenhöhe das übertragbare Biegemoment vervierfacht werden. Die Querschnittsfläche, die ja von der Balkenhöhe linear abhängt, wird dabei nur verdoppelt.

Da man den in Bild 32 gezeigten Querschnitt als Differenz verschiedener Rechtecke bilden kann, die alle eine und dieselbe Schwerachse y-y haben, kann man die Trägheitsmomente I_y solcher Querschnitte als Differenz der Trägheitsmomente entsprechender Rechtecke darstellen:

$$I_y = \frac{BH^3}{12} - \frac{bh^3}{12}.$$

Das Widerstandsmoment W_y solcher Querschnitte ergibt sich dann in der Form

$$W_y = \frac{2}{H} \cdot \left(\frac{BH^3}{12} - \frac{bh^3}{12} \right).$$

Wir haben oben festgestellt, dass in Bezug auf die Übertragung von Biegemomenten die Wirtschaftlichkeit eines Querschnitts sich darstellen lässt als Quotient $\frac{\text{Widerstandsmoment}}{\text{Flächeninhalt}}$. An einem Zahlenbeispiel wollen wir exemplarisch zeigen, wie man durch Verlagerung von Querschnittsteilen aus der Umgebung der neutralen Faser in den hochbeanspruchten Randbereich das Widerstandsmoment und das Trägheitsmoment beträchtlich steigern kann. Ein Rechteckquerschnitt $B \cdot H = 3,84 \cdot 20 = 76,8$ cm^2 hat das Trägheitsmoment

$$I_y = \frac{1}{12} 3,84 \cdot 20^3 = 2,56 \cdot 10^3 \text{ cm}^4$$

und das Widerstandsmoment

$$W_y = \frac{1}{6} 3,84 \cdot 20^2 = 256 \text{ cm}^3.$$

Das in Bild 32 dargestellte I-Profil gleicher Querschnittsfläche hat das Trägheitsmoment

$$I_y = \frac{1}{12} (20 \cdot 20^3 - 19 \cdot 17^3) = \frac{1}{12} (16 \cdot 10^4 - 9,33 \cdot 10^4) = 5554 \text{ cm}^4$$

und das Widerstandsmoment W_x = 555 cm^3. Wir sehen: Das Trägheitsmoment und das Widerstandsmoment haben sich durch die hier vorgenommene Verlegung des Materials um mehr als 100 Prozent erhöht. Dies ist der Grund, weshalb für Biegebalken aus Stahl I-Profile hergestellt bzw. verwendet werden.

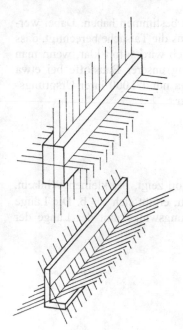

Bild 34
Hauptebenen

Für einige Querschnittsformen zeigen wir qualitativ den Verlauf der Normalspannungen in Bild 31.

Noch ein Wort zu der durch ein Biegemoment hervorgerufenen Verformung eines Stabelementes. Die untere Stabfaser des in Bild 33 gezeigten Elementes erfährt wegen

$$\varepsilon = \frac{\sigma}{E} = \frac{d\delta}{dl} \text{ die Verlängerung}$$

$$d\delta_u = \frac{M_y \cdot e_u}{E \cdot I_y} \, dl; \text{ die obere entsprechend}$$

$$d\delta_0 = \frac{M_y \cdot e_0}{E \cdot I_y} \, dl.$$

Dazwischen liegen in der Höhe des Schwerpunktes senkrecht zur Lastebene Stabfasern, die unbeansprucht bleiben und dementsprechend keine Längenänderung erfahren. Man nennt sie neutrale Fasern. Eine solche Verformung ist nun nur möglich, wenn, sich das Element in der x-z-Ebene (der Lastebene) kreisbogenförmig krümmt: Lastebene = Biege – Ebene. Für diese Krümmung wollen wir nun einen Wert ermitteln. Bekanntlich ist sie in der Mathematik definiert als Kehrwert des zugehörigen Krümmungsradius ρ, den wir somit zu bestimmen haben. Dabei werden wir einige Vereinfachungen vornehmen, wozu uns die Tatsache berechtigt, dass die Krümmung außerordentlich klein ist. Dies freilich wird sofort klar, wenn man bedenkt, dass die größtmögliche elastische Dehnung unserer Baustoffe bei etwa 1 ‰ liegt, die Verlängerung der Randfaser also etwa nur 1/1000 ihrer Ursprungslänge beträgt. Ein Blick auf Bild 33 liefert unmittelbar

$$\sin\frac{d\phi}{2} = \frac{\dfrac{s}{2}}{\rho + e_u} \quad \text{und} \quad \text{arc}\,\frac{d\phi}{2} = \frac{\dfrac{b}{2}}{\rho + e_u}$$

Da, wie die Reihenentwicklung der Sinus – Funktion zeigt, bei kleinen Winkeln, deren Sinus und Arcus gleichgesetzt werden können, ergibt sich $s \approx b$. Die Länge des Kreisbogens stimmt also für sehr kleine Öffnungswinkel mit der Länge der Sekante überein.

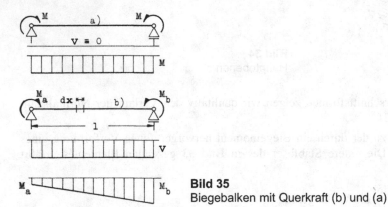

Bild 35
Biegebalken mit Querkraft (b) und (a)

Damit können wir die Verlängerung korrekt in unser Bild wie dargestellt eintragen und erhalten wegen der Ähnlichkeit der schraffierten Dreiecke

$$\frac{e_u}{d\delta} = \frac{\rho}{dl} \quad \text{also} \quad \rho = \frac{e_u \cdot dl}{\dfrac{M_y \cdot e_u}{E \cdot I_y} \cdot dl} = \frac{E \cdot I_y}{M_y}$$

Die Krümmung ergibt sich damit zu

$$\chi = \frac{1}{\rho} = \frac{M_y}{E \cdot I_y}.$$

Für ein Biegemoment bestimmter Größe hängt die Krümmung eines Stabelementes also nur ab von E und I. Der Elastizitätsmodul E kennzeichnet den Einfluss des Materials, das axiale Trägheitsmoment I denjenigen von Querschnittsgröße und - form. Das Produkt E · I nennt man Biegesteifigkeit.

Wir vergleichen die oben für die Krümmung und für die Dehnung (siehe Abschnitt 2.3.1) ermittelten Ausdrücke und stellen große Ähnlichkeit im Aufbau fest. Wie eine Multiplikation der Dehnung mit dl die gegenseitige Verschiebung der zwei zugehörigen Querschnitte lieferte, so liefert eine Multiplikation der Krümmung mit dl die gegenseitige Neigung der entsprechenden zwei Querschnitte:

$$\chi \cdot dl = \frac{dl}{\rho} = \tan d\varphi \approx d\varphi = \frac{M_y}{E \cdot I_y} \cdot dl \ .$$

Bei der Untersuchung des Zugstabes (Abschnitt 2.3.1) konnten wir von der Verformung des Stabelements durch Integration über die Stablänge auf die wesentliche Verformung des ganzen Stabes übergehen, also dessen Längenänderung bestimmen. Ein ähnlicher Übergang zu einer entsprechenden Größe, nämlich der – senkrecht zur unverformten Stabachse gemessenen – Durchbiegung w ist hier auch möglich; da er hier nicht ganz so einfach ist wie dort, werden wir in einem besonderen Kapitel später darüber sprechen.

Zum Schluss wieder die Frage: Welche Belastung erzeugt in einem Balken ausschließlich, den hier ermittelten Spannungs- und Verformungszustand? Für die Antwort zunächst eine Definition: Eine durch Stabachse und eine der beiden Schwerpunktshauptachsen aufgespannte Ebene nennen wir Hauptebene (Bild 35). und nun die Antwort: Ein in seinen Endquerschnitten angreifendes und in einer Hauptebene wirkendes Momentenpaar (Bild 35).

2.4 Spannungen in einem Rechteckquerschnitt , auf den eine Querkraft, gehörend zu einer Biegemomentenänderung, wirkt

Während zu Normalkräften und Biegemomenten eine Querschnittsbelastung durch Normalspannungen gehört, stellt eine Querkraft, wie sie etwa in Bild 36 auftritt, die Resultierende von Tangentialspannungen dar. Wir haben in Bild 36 eine Querkraft V_z und über den Querschnitt (irgendwie) verteilte parallel zu V_z verlaufende Schubspannungskräfte dargestellt und wollen jetzt das Verteilungsgesetz ermitteln. Wie bisher schreiben wir zunächst die Äquivalenzbedingungen an:

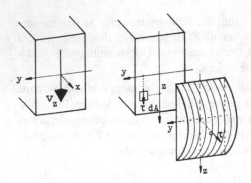

Bild 36
Zur Berechnung von Schubspannungen

1) $\displaystyle\int_{(A)} \tau_{xz} \cdot dA = V_z$

2) $\displaystyle\int_{(A)} y \cdot \tau_{xz} \cdot dA = M_x = 0$

Während wir bei Normalspannungen aufgrund einer Verformungsbetrachtung eine qualitative Angabe machen konnten über die Art ihrer Verteilung, ist das hier nicht möglich. Verlockend freilich ist diese Überlegung: Da die Beobachtung gezeigt hat, dass ebene Querschnitte eines Biegebalkens bei der Verformung nahezu eben bleiben, muss die Querkraftverformung eines Stabelementes wie in (Schnitt) Bild 37 dargestellt sein. Zu dieser gleichmäßigen Verzerrung gehört eine gleichmäßige Verteilung der Tangentialspannungen. Damit wäre τ_{xz} konstant, könnte in den Gleichungen 1 und 2 jeweils vor das Integral gezogen werden und ergäbe sich dann zu $\tau_{xz} = \dfrac{V_z}{A}$. Leider ist diese gleichmäßige Verteilung nicht möglich, wie wir sofort sehen werden.

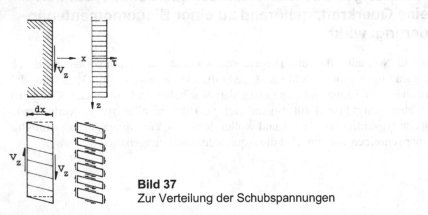

Bild 37
Zur Verteilung der Schubspannungen

Schneiden wir aus dem Inneren eines beliebig belasteten Biegebalkens ein Element heraus, dann müssen auf seiner Oberfläche die dabei zerstörten Spannungskräfte als äußere Kräfte angebracht werden. Im Allgemeinen werden es die in Bild 38 dargestellten Kräfte[26] sein. Unter der Wirkung dieser Schnittkräfte muss das Element natürlich im Zustand der Ruhe bleiben, die Schnittkräfte müssen also unter sich im Gleichgewicht sein. Dann muss u.a. die Bedingung $\sum M_y = 0$ (etwa bezogen auf den Element – Schwerpunkt) von ihnen erfüllt werden:

$$\tau_{xz}dz\,\frac{dx}{2} + (\tau_{xz}+d\tau_{xz})dz\,\frac{dx}{2} - \tau_{zx}dx\,\frac{dz}{2} - (\tau_{zx}+d\tau_{zx})dx\,\frac{dz}{2} = 0$$

Da die Element – Abmessungen dz und dx infinitesimal klein sind, kann der Beitrag des Zuwachses der Spannungen gegenüber dem Beitrag der Spannungen selbst vernachlässigt werden. Nach Division durch dz dx ergibt sich dann $\tau_{xz} = \tau_{zx}$. In Worten bedeutet das: Die in zwei zueinander senkrechten Flächen liegenden Schubspannungskomponenten, welche normal zur Schnittlinie der beiden Flächen gerichtet sind, sind nahe der Schnittlinie gleich groß. Diese Komponenten sind entweder beide zur Schnittkante hin oder beide von ihr fort gerichtet. Man bezeichnet diese beiden Komponenten als einander zugeordnete Schubspannungen. Dies bedeutet, dass Elemente an der Oberfläche eines Stabes auf den zur Oberfläche senkrechten Schnittflächen frei sein müssen von Schubspannungen, die zur Oberfläche hin (oder von ihr fort) gerichtet sind, wenn nicht auf dieser Oberfläche äußere Tangentialkräfte wirken.

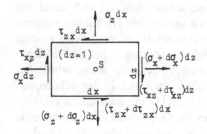

Bild 38
Betrachtung am Element

---

[26] Wir haben in diesem Bild beim Spannungszuwachs das totale Differenzial angegeben, um die Lesbarkeit zu verbessern. Tatsächlich muss natürlich an dessen Stelle das partielle Differenzial treten, also etwa anstatt $d\sigma_x$ der Ausdruck $(\partial\sigma_x/\partial x)dx$, da ja die Spannung σ_x ihren Wert nicht nur in x-Richtung sondern auch in z-Richtung ändert.

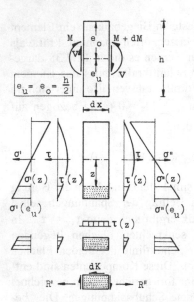

Bild 39
Zur Berechnung der Schubspannungen

Überprüfen wir daraufhin die oben vorgeschlagene Schubspannungsverteilung, dann sehen wir sofort, dass sie diese (Rand-) Bedingungen nicht erfüllt: Die Schubspannung ist am oberen und unteren Querschnittsrand nicht Null sondern ebenso groß wie etwa auf halber Höhe, nämlich V_z/A. Es muss also eine andere Schubspannungsverteilung gefunden werden; eine solche, dass τ_{xz} sich dabei am oberen und unteren Rand zu Null ergibt. Bevor wir uns an ihre Herleitung machen, spekulieren wir: Wird es eine geradlinige Spannungsverteilung sein? Wird es eine parabolische Spannungsverteilung sein? Da die Schubspannung an beiden Bereichs-enden verschwinden und dazwischen von Null verschieden sein muss, würde bei einer geradlinigen Verteilung zwangsläufig irgendwo ein Knick in der Schubspan-nungslinie sein müssen. Da solch ein Knick durch nichts mechanisch zu erklären oder zu rechtfertigen ist, scheidet eine linear über die Querschnittshöhe veränderli-che Schubspannung ebenso aus wie eine konstante. Sie wird also mit Sicherheit mindestens parabolisch über die Querschnittshöhe verteilt sein. Wie finden wir nun diese Schubspannungsverteilung? Nun, da die hier gegebene Querkraft V_z unlösbar verbunden ist mit einer Änderung des Biegemomentes M_y, wird es nicht verkehrt sein, die zugehörigen Biegespannungen in unsere Betrachtung mit einzubeziehen. In Bild 39 haben wir das in Bild 37 gezeigte Stabelement noch einmal dargestellt, auf dessen Schnittflächen Biegespannungen bekannter Größe und Schubspannungen (noch) unbekannter Größe wirken. Wir führen jetzt einen weiteren Schnitt horizon-tal durch dieses Stabelement und müssen dann natürlich auf der neu entstandenen (horizontalen) Schnittfläche ebenfalls flächenmäßig verteilte Schnittkräfte anbringen, allgemein eine Tangential- und eine Normalspannungsbelastung. Da, wie die

Gleichgewichtsbedingung $\Sigma Z = 0$ unmittelbar zeigt, σ_z gleich Null sein muss, zeigen wir von vornherein nur die Schubspannungskräfte. Mit den Beziehungen von Bild 39 liefert $\Sigma X = 0$ die Gleichung

$$R' + dK - R'' = 0,$$

$$\text{also} \quad dK = R'' - R' \,.$$

Mit

$$R'' = \int_z^{\frac{h}{2}} (\sigma + d\sigma) \cdot b \cdot dz = \int_z^{\frac{h}{2}} \frac{M+dM}{I} \cdot z \cdot b \cdot dz = \frac{M+dM}{I} \int_z^{\frac{h}{2}} z \cdot b \cdot dz = \frac{M+dM}{I} \cdot S_y(z)$$

und

$$R' = \int_z^{\frac{h}{2}} \sigma \cdot b \cdot dz = \int_z^{\frac{h}{2}} \frac{M}{I} \cdot z \cdot b \cdot dz = \frac{M}{I} \int_z^{\frac{h}{2}} z \cdot b \cdot dz = \frac{M}{I} \cdot S_z(z)$$

ergibt sich

$$dK = \frac{dM}{I} \cdot \int_z^{\frac{h}{2}} b \cdot z \cdot dz = \frac{dM}{I} \cdot S_y(z) \,.$$

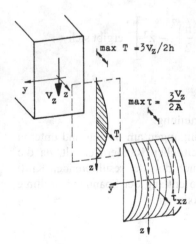

Bild 40
Verteilung der bezogenen Schubkraft und der Schubspannung

Wir haben dabei das statische Moment der abgeschnittenen Teilquerschnittsfläche in Bezug auf die y-Achse mit dem Symbol $S_y(z)$ belegt. Dieses dK ist die in der entsprechenden horizontalen Längsschnittfläche b · dx von dem oberen Teil des Stabelementes auf den unteren Teil übertragene Schubkraft. Die auf die (Schnitt-) Länge dx bezogene Schubkraft nennt man Schubfluss $T = \dfrac{dK}{dx}$. Dieser ergibt sich damit zu

$$T = \frac{dM \cdot S_y(z)}{dx \cdot I} = \frac{V_z \cdot S_y(z)}{I},$$

da $\dfrac{dM}{dx} = V_z$ gilt. Um von diesem Schubfluss, der für sich schon eine, wie wir noch sehen werden, für die Praxis äußerst wichtige Größe darstellt (etwa bei der Dübelberechnung), zur Schubspannung zu kommen, müssen wir eine Annahme hinsichtlich seiner Verteilung über die Balkenbreite machen. Wenn wir annehmen, dass in y-Richtung im Stab weder Normalspannungen noch Schubspannungen wirken, so folgt daraus zwangsläufig, dass sich der Schubfluss gleichmäßig über die Balkenbreite verteilt: $\tau = \dfrac{T}{b}$.

Wegen der Gleichheit zugeordneter Schubspannungen sind damit auch die entsprechenden in der Querschnittsfläche wirkenden Schubspannungen bekannt:

$$\tau_{zx}(z) = \tau_{xz}(z) = \frac{V_z \cdot S_y(z)}{I_y \cdot b} \quad {}^{27)}$$

Mit $I_y = \dfrac{b \cdot h^3}{12}$ und $S_y(z) = \displaystyle\int_z^{\frac{h}{2}} z \cdot b \cdot dz = \dfrac{b}{2} \cdot \left[\left(\dfrac{h}{2} \right)^2 - z^2 \right]$ ergibt sich

$$\tau_{xz}(z) = \frac{6 \cdot V_z}{b \cdot h^3} \left[\frac{h^2}{4} - z^2 \right],$$

also die erwartete parabolische Schubspannungsverteilung.

Mit $\tau_{xz}(- h/2) = \tau_{xz}(+ h/2) = 0$ sind die Randbedingungen am oberen und unteren Querschnittsrand erfüllt. Sie sind auch an den seitlichen Rändern erfüllt, da die Schubspannung überall im Querschnitt und also auch dort der resultierenden Kraft V parallel wirkt. In Höhe der neutralen Faser, also entlang der Spannungsnulllinie erreichen Schubfluss und Schubspannungen ihr Maximum:

---

[27] International wird diese Formel nach Dmitri Zhuravski (andere Schreibweise: Jourawski), 1821-1891, benannt. Verballhornisiert in Studentenkreisen heißt diese Formel auch: Kusinenformel, weil mit der früheren Bezeichnung für die Querkraft Q sich diese Formel ähnlich wie „Kusine" anhörte.

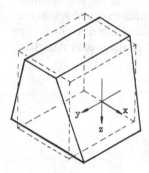

Bild 41
Verformung eines Stabelementes bei Beanspruchung durch M_V

$$\max T = \frac{3 \cdot V}{2 \cdot h} \quad \text{bzw.} \quad \max \tau_{xz} = \tau_{xz}(0) = \frac{3 \cdot V}{2 \cdot A}.$$

Das statische Moment der abgeschnittenen Querschnittsfläche beträgt in dieser Höhe $S_y = S_y(0) = \dfrac{b \cdot h^2}{8} S_x$. Bild 40 zeigt den Verlauf des Schubflusses und der Schubspannung.

Bevor wir uns neuen Dingen zuwenden, wollen wir uns die Aufgabe des Schubflusses, wie sie aus der oben gezeigten Herleitung deutlich wird, klar bewusst machen. Schneidet man aus einem Stab ein Element von der Länge 1 heraus und ändert sich auf dieser Länge das Biegemoment, so gehört dazu eine unterschiedliche Normalspannungsbelastung der beiden Querschnittsflächen. Da jedoch bei allen zu Biegemomenten gehörenden Normalspannungsbelastungen die Resultierende der Druckspannungen betragsmäßig stets gleich ist der Resultierenden der Zugspannungen, ergibt sich auf beiden (Gesamt-) Querschnittsflächen die resultierende Kraft X = 0: Die Normalspannungen gleichen sich untereinander aus. Die Frage ist: Wie geschieht dieser Ausgleich, wo ist der dazugehörige Kraftfluss? Diesen „geheimnisvollen" Kraftfluss entdecken wir, wenn wir sozusagen seinen Weg durch einen etwa horizontalen Längsschnitt blockieren. Durch diesen Längsschnitt zerfällt das Element in einen oberen und einen unteren Teil, von denen wir zunächst den oberen betrachten mögen. Auf seinen beiden Querschnittsflächen wirken verschieden große Normalspannungen, die zu zwei verschieden großen resultierenden X-Kräften führen, die zu einer Kraft dK zusammengefasst werden können. Das Gleiche beobachten wir am unteren Teil: Auch auf seinen Querschnittsflächen wirken Normalspannungen, die zu zwei verschieden großen resultierenden X-Kräften führen, die wieder zu einer Kraft zusammengefasst werden können. Diese Kraft ist der oben erwähnten Kraft dK gleich und ihr entgegengesetzt. Sie schafft den Ausgleich über die Querschnittshöhe. Es leuchtet somit unmittelbar ein, dass diese Kraft, mit Null am unterem (oder oberen) Querschnittsrand beginnend, betragsmäßig solange mit steigender (oder fallender) Höhenlage der Längsschnittflache wächst, wie Spannungen eines und desselben Vorzeichens auf den Querschnittsflächen des abgeschnittenen Teilkörpers wirken. Wechselt dann in Höhe der neutralen Faser das Vorzeichen dieser Spannungen, dann nimmt diese Kraft dK wieder ab: eine gewisser Ausgleich findet dann wieder innerhalb der Querschnittsflachen statt.

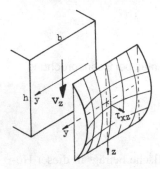

Bild 42
Zur Verteilung der Schubspannungen

Die Zu- oder Abnahme dieser Kraft von einem Längsschnitt zum nächsten ist umso größer, je größer die Resultierende der Spannungen der beiden neu hinzugekommenen Querschnittsflächen ist. Beim vorliegenden Rechtĕckquerschnitt ist die Änderung dementsprechend am größten in den am weitesten von der Spannungs- Nulllinie entfernt liegenden Querschnittsbereichen: oben und unten. Der Verlauf des Schubflusses (Bild 40) zeigt dies deutlich.

Abschließend weisen wir noch auf zwei Dinge hin:

1) Wir haben oben angenommen, dass in Richtung der Balkenbreite keine Spannungen im Balken auftreten und dementsprechend die Schubspannungen über die Balkenbreite konstant sind. Diese Annahme trifft nicht exakt zu, wie die Beobachtung des Formänderungsverhaltens eines Biegebalkens zeigt. Wegen der Querkontraktion geht nämlich mit einer Dehnung bzw. Stauchung des Materials in Längsrichtung Hand in Hand eine Stauchung bzw. Dehnung in Querrichtung. Ein Stabelement verformt sich bei Biegung deshalb wie in Bild 41 gezeigt. Zu dieser Verformung gehören unter anderem Schubspannungen etwa auf z-Ebenen in y-Richtung, die eine ungleichmäßige Verteilung der Schubspannungen τ_{zx} bzw. τ_{xz} über die Balkenbreite zur Folge haben. Dabei nehmen (beim Rechteckquerschnitt) die Schubspannungen von der Mitte aus nach den seitlichen Querschnittsrändern hin zu, sodass eine Sattelflache wie in Bild 42 entsteht.[28] Die Abweichungen von den oben berechneten Mittelwerten sind für die im Bauwe-

---

[28] Wie wir noch sehen werden, kann für andere Querschnittsformen eine umgekehrte Tendenz gültig sein.

sen üblichen Seitenverhältnisse b/h < 1 gering, wie Bild 43 zeigt, und werden in
der Praxis vernachlässigt.

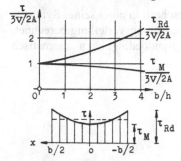

Bild 43 Verlauf von $\tau_{zy}(0)$

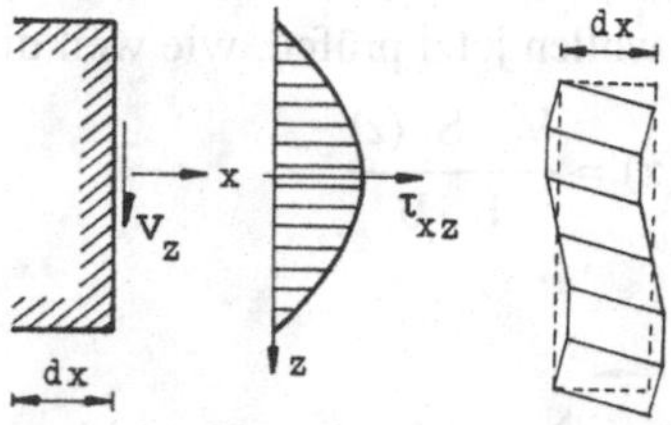

Bild 44 S-förmige Verwölbung der Querschnittsebenen

2) Wir haben weiter oben bei der Berechnung der Normalspannungsverteilung
angenommen, dass ebene Querschnitte bei der (allgemeinen Biege-) Verformung
eben bleiben. Die hier ermittelte über die Querschnittshöhe ungleichmäßige
Schubspannungsverteilung jedoch geht Hand in Hand mit einer S-förmigen
Verwölbung der Querschnitte, da Körperelemente in verschiedenen Höhenlagen
durch verschieden große Schubspannungen belastet werden und sich dementsprechend verschieden stark verformen (Bild 44). Die Verwendung der Bernoulli – Hypothese führt also im Falle der Querkraft – Biegung auf einen Wider-
spruch: Man geht aus von der Annahme, ebene Querschnitte bleiben bei der Verformung eben, berechnet eine entsprechende Normalspannungsverteilung und
dann die zugehörige Schubspannungsverteilung und stellt schließlich fest, dass
zu dieser Verteilung zwingend eine Verwölbung der Querschnitte gehört, diese
also mit Sicherheit nicht eben bleiben. Zum Glück ist es nun so, dass die mit dieser Verwölbung der Querschnitte i. A. verbundene Längenänderung [29] der einzelnen Stabfasern bei stabförmigen Bauteilen sehr klein sind im Vergleich mit
denjenigen Längenänderungen, die zu der durch Biegemomente verursachten
Neigung derselben Querschnitte gehören. Deshalb kann bei der Untersuchung
von (schlanken) Balken ohne weiteres mit den oben abgeleiteten Formeln gerechnet werden.

---

[29] Diese Längenänderung der Stabfasern tritt nicht auf, wenn die Verwölbung entlang der
Stabachse konstant ist. Dazu muss a) die Querkraft über x konstant sein und b) die Ver-
wölbung überall ungehindert stattfinden können, also auch an den Balkenenden. Der in
Bild 35(b) gezeigte Einfeldbalken erfüllt diese Bedingungen.

2.4.1 Schubspannungen in beliebigen, zur Lastebene symmetrischen Querschnitten

Wir haben oben einen Biegebalken mit Rechteckquerschnitt in einer seiner Symmetrieebenen quer – belastet und die zugehörige Schubspannungsverteilung berechnet. Dabei wurden, wie wir gesehen haben, alle (Kräfte-) Randbedingungen automatisch erfüllt. Wir wollen jetzt prüfen, wie weit die Formel

$$\tau_{xz}(z) = \frac{V_z \cdot S_y(z)}{I_y \cdot b}$$

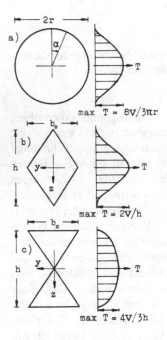

max T = 8V/3πr

max T = 2V/h

Bild 45
Zur Abhängigkeit des Verlaufes der bezogenen
max T = 4V/3h   Schubkraft von der Querschnittsform

allein auch bei anderen zur Lastebene symmetrischen Querschnittsformen den Schubspannungsverlauf korrekt beschreibt. Dabei unterscheiden wir zwei Arten von Querschnitten: die fülligen Querschnitte und die dünnwandigen Querschnitte. Zunächst füllige Querschnitte, etwa die in Bild 45 dargestellten. Im Hinblick auf die Anwendung der o.a. Formel unterscheiden sich diese Querschnitte vom Rechteckquerschnitt dadurch, dass die Breite b sich über die Höhe ändert, b = b(z). Das kann bei der Rechnung berücksichtigt werden und führt – das ist nicht beunruhigend – zu einer nicht mehr parabolischen Verteilung der Schubspannungen τ_{xz}. Diese Schubspannungen müssen teilweise ergänzt werden durch τ_{xy}-Spannungen, da ja die resultierenden Schubspannungen nirgends eine Komponente senkrecht zu einem freien Rand haben dürfen. Zu den zwei o.a. Äquivalenzbedingungen kommt hier also noch als dritte hinzu $\int \tau_{xy}\, dA = 0$. Bild 46 zeigt die Richtung der entsprechenden Kräfte für einen Kreisquerschnitt. Für diesen Querschnitt ergibt sich mit

$$I_y = \frac{\pi r^4}{4}, \quad S_y(\alpha) = \frac{2}{3} r^3 \sin^3\alpha \quad \text{und} \quad b(\alpha) = 2r \sin\alpha$$

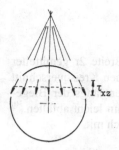

Bild 46
Zur Richtung resultierender Schubspannungskräfte in einem Kreisquerschnitt

der in einer horizontalen Längsschnittfläche zu übertragende Schubfluss in der Form

$$T(\alpha) = \frac{V \cdot S}{I} = \frac{8 \cdot V \cdot \sin^3\alpha}{3 \cdot \pi \cdot r}$$

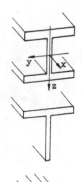

Bild 47
Dünnwandige Querschnitte, symmetrisch zur Lastebene

und die zugehörige Schubspannung im Querschnitt zu

$$\tau_{xz}(\alpha) = \frac{4 \cdot V \cdot \sin^2\alpha}{3 \cdot \pi \cdot r^2}$$

Für $\alpha = 90°$ liefert das den in der neutralen Faser zu übertragenden Schubfluss

$$\max T = \frac{8 \cdot V}{3 \cdot \pi \cdot r}$$ und entsprechend die größte im Querschnitt auftretende

Schubspannung

$$\max \tau = \frac{4 \cdot V}{3 \cdot A} \; .$$

Dieser Spannungswert ist freilich auch wieder ein über die Breite 2r gemittelter Wert. Genauere Untersuchungen ergeben, dass bei einem solchen Kreisquerschnitt (wie bei allen elliptischen Querschnitten) die Schubspannungen längs der Biege-spannungs-Nulllinie von der Mitte zu den seitlichen Rändern hin leicht abfallen.[30] Bei dem rhombusförmigen Querschnitt nach Bild 45(b) ergibt sich mit

$$I_y = b \, h^3/48 \; , \quad S_y(z) = \frac{b}{6 \cdot h} \cdot \left[4 \cdot z^3 - 3 \cdot h \cdot z^2 + \frac{1}{4} \cdot h^3 \right] \quad \text{und}$$

$b = \dfrac{b_0}{h}(h - 2 \cdot z)$ der in einer horizontalen Längsschnittfläche zu übertragende Schubfluss

$$T(z) = \frac{8 \cdot V}{h} \cdot \left[4\left(\frac{z}{h}\right)^3 - 3\left(\frac{z}{h}\right)^2 + \frac{1}{4} \right]$$

und die zugehörige Schubspannung im Querschnitt

$$\tau_{xz}(z) = \frac{8 \cdot V}{b \cdot (h - 2 \cdot z)} \cdot \left[4\left(\frac{z}{h}\right)^3 - 3\left(\frac{z}{h}\right)^2 + \frac{1}{4} \right]$$

---

[30] Es ist zu vermuten, dass zwischen dem Rechteckquerschnitt und einem elliptischen Querschnitt eine Querschnittsform liegt, bei der die Schubspannungen in der neutralen Faser tatsächlich konstant über die Balkenbreite sind. Diese Querschnittsform gibt es; ihre Berandung folgt der Gleichung $\left(\dfrac{y}{a}\right)^\mu + \left(\dfrac{z}{b}\right)^2 = 1$. Dabei ist μ die Querdehnzahl (für Stahl 0,3).

Für $z = 0$ liefert der in der neutralen Faser zu übertragenden Schubfluss $\max T = \dfrac{2 \cdot V}{h}$ und entsprechend die größte im Querschnitt auftretende Schubspannung

$$\max \tau = \frac{2 \cdot V}{b \cdot h} = 2 \frac{V}{A}$$

In dem für Querkraftbiegung unbrauchbaren Querschnitt nach Bild 45(c) ergäbe sich mit

$$I_y = b\, h^3/16\,, \quad S_y(z) = \frac{1}{12} \cdot b \cdot h^2 \cdot \left[1 - 8\left(\frac{z}{h}\right)^3\right] \quad \text{und} \quad b(z) = \frac{b_0}{h} \cdot z \quad \text{der in}$$

einer horizontalen Längsschnittfläche zu übertragende Schubfluss

$$T(z) = \frac{4 \cdot V}{3 \cdot h} \cdot \left[1 - 8\left(\frac{z}{h}\right)^3\right]$$

und die zugehörige Schubspannung im Querschnitt

$$\tau_{xz}(z) = \frac{4 \cdot V}{3 \cdot b \cdot z} \cdot \left[1 - 8\left(\frac{z}{h}\right)^3\right]\,.$$

Für $z = 0$ ergäbe sich der in der neutralen Faser zu übertragende Schubfluss

$$\max T = \frac{4 \cdot V}{3 \cdot h} \quad \text{und die zugehörige Schubspannung} \quad \tau_{xz}(0) = \infty\,.$$

Hier zeigt sich mathematisch, dass ein solcher Querschnitt für Querkraftbiegung nicht zu gebrauchen ist und entsprechend modifiziert werden müsste. Ein Blick auf die in Bild 45 dargestellten Schubflussverteilungen bestätigt das in Abschnitt 2.4 gesagte: Der Schubfluss ändert sich von Längsschnitt zu Längsschnitt dort besonders viel, wo die Resultierende der Normalspannungen auf den neu hinzugekommenen Querschnittsteilflächen besonders groß ist. Deren Größe hängt ab nicht nur von der Größe der Normalspannung, sondern auch von der Breite der neu hinzugekommenen Querschnittsteilfläche.

Und nun die dünnwandigen Querschnitte, wie etwa das I- und das T-Profil oder auch der Kreisring (Bild 47). Bei der Behandlung solcher Querschnitte gewinnt vor allem die Forderung an Bedeutung, dass die Schubspannungen in der Nähe eines Randes keine Komponente senkrecht zu diesem Rand haben dürfen, also entweder verschwinden oder parallel zu diesem Rand verlaufen müssen. Damit liegt die Richtung der wesentlichen Schubspannungen in einer Querschnittsfläche fest: Sie ist gleich der Richtung der Profilmittellinie. Man wird deshalb für die Schubspannung in einem bestimmten Punkt eines dünnwandigen Trägerquerschnitts dann mit der o.a. Formel einen vernünftigen Wert errechnen, wenn man durch diesen Punkt einen Schnitt führt, der die in der Nähe liegenden Querschnittsränder senkrecht trifft.[31] Dabei wird stillschweigend angenommen, dass sich die Schubspannungen gleichmäßig über die entsprechende Schnittbreite verteilen, was sicherlich sinnvoll und zulässig ist. Für die Bezeichnung so errechneter Schubspannungen wird das orthogonale y-z-System nicht immer günstig oder überhaupt geeignet sein, man denke an den Kreisring. Darüber werden wir noch sprechen müssen.

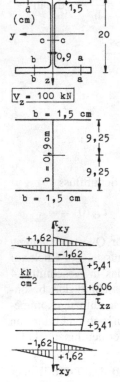

Bild 48
Schubspannung auf einem I-Querschnitt

---

[31] Verletzt man diese Regel bei der Schnittführung, so wird man Spannungen und Spannungswerte ermitteln, die uninteressant sind und einen nichtssagenden Mittelwert mit unzulässig großer Streuung darstellen.

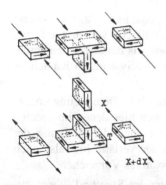

Bild 49
Zur Festlegung der Vorzeichen von Schubspannungen

Wir wollen nun annehmen, ein Biegebalken in der Form eines IPB 200 (HE200B) werde in der x-z-Ebene belastet, wobei sich an einer Stelle die Querkraft $V_z = 100$ kN ergeben möge. Die zugehörige Schubspannungsverteilung auf einem positiven Schnittufer soll ermittelt werden. Wir entnehmen zunächst Querschnittsabmessungen und Trägheitsmoment einer Profiltafel ($I_y = 5700$ cm^4) und stellen den materiellen Querschnitt und – für die Berechnung besser geeignet – den Verlauf der Profilmittellinie dar (Bild 48). Dann beginnen wir mit der Bestimmung der Schubspannungen in einzelnen Punkten, zunächst etwa im rechten Teil des unteren Flansches. Führen wir einen Schnitt a-a am rechten Flansch-Ende (nicht eingezeichnet), so wird dadurch keine Querschnittsteilfläche abgetrennt: S_y und entsprechend τ_{xy} sind Null. Führen wir einen solchen Schnitt unmittelbar rechts neben dem Anschlusspunkt Steg-Flansch, so wird dadurch der halbe Flanschquerschnitt abgetrennt (nicht eingezeichnet) und es ergibt sich mit
$b = 1,5$ cm und $S_y = 10 \cdot 1,5 \cdot 9,25 = 138,8$ cm^3 die Schubspannung
$\tau_{xy} = 1,62$ kN/cm^2. Führt man dazwischen Schnitte a-a (eingezeichnet) so zeigt sich, dass das zugehörige statische Moment S_y proportional der Entfernung vom rechten Flanschende ist; dementsprechend ist auch der Schubspannungsverlauf in diesem Bereich linear. Die Richtung der Schubspannungen in diesem Bereich, und damit ihr Vorzeichen, liefert eine Gleichgewichtsbetrachtung des durch den vertikalen Längsschnitt a-a abgetrennten Körperteils (Bild 49). Da bei einer positiven Querkraft das Biegemoment mit wachsendem x größer werden muss, muss im Bereich positiver Momente die auf dem Flanschquerschnitt liegende resultierende Zugkraft X ebenfalls in Richtung wachsender x größer werden: $X + dX$.[32] Die Schubkraft T auf der durch den Längsschnitt a – a erzeugten Schnittfläche muss also in Richtung fallender x-Werte wirken (auf unserem Bild von vorn nach hinten), um die resultierenden Zugkräfte X und $X + dX$ im Gleichgewicht zu halten. Sie wirkt damit von derjeni-

---

[32] Im Bereich negativer Biegemomente muss die auf diesem Flanschquerschnitt liegende resultierende Druckkraft kleiner werden mit wachsendem x.

gen Kante, die beiden hier betrachteten Schnittflächen gemeinsam ist, fort, sodass auch die zugeordnete Schubspannung in der Querschnittsfläche von dieser Kante fort gerichtet sein muss, also nach rechts wirkt. Wenn wir uns bei der Bezeichnung der Schubspannungen beziehen auf das eingezeichnete y-z-System, so handelt es sich dabei also um eine negative Schubspannung.

Nun zum linken Teil des unteren Flansches, etwa Schnitt b-b. Dem Betrage nach, das erkennt man sofort, entsprechen die Schubspannungen hier denen im rechten Flanschteil. Wegen der erforderlichen Symmetrie muss auch die Richtung der Schubspannung derjenigen im rechten Teil entsprechen; sie verläuft hier also nach links, in Richtung wachsender y-Werte, erhält also ein positives Vorzeichen.

Wir kommen nun zur Bestimmung der Schubspannungen im Steg und führen zunächst einen horizontalen (Längs-) Schnitt c-c unmittelbar oberhalb des Anschlusspunktes Steg – unterer Flansch (nicht eingezeichnet). Das statische Moment der abgeschnittenen Restfläche beträgt dann $S_y = 20 \cdot 1,5 \cdot 9,25 = 277,5$ cm^3 sodass sich mit b = 0,9 cm die Schubspannung $\tau_{xz} = 5,41$ kN/cm^2 ergibt, die auf der Querschnittsfläche nach unten gerichtet und damit positiv ist. Ein Schnitt c-c in Höhe des Schwerpunktes (nicht eingezeichnet) liefert $S_y = 277,5 + 0,9 \cdot 8,50^2/2 = 310,0$ cm^3, damit ergibt sich die Schubspannung $\tau_{xz} = 6,04$ kN/cm^2 mit der Breite b = 0,9 cm. Diese zuletzt bestimmte Spannung wirkt ebenfalls nach unten, wie eine Gleichgewichtsbetrachtung etwa des unteren abgeschnittenen Körperteils unmittelbar zeigt, erhält also auch ein positives Vorzeichen. Da sich das statische Moment der abgeschnittenen Querschnittsfläche im Stegbereich nichtlinear ändert, ändert sich auch die Schubspannung nichtlinear, wie in Bild 48 gezeigt. Schnitte im Bereich des oberen Flansches liefern Spannungen, die betragsmäßig denen im unteren Flansch entsprechen. Die Vorzeichen ergeben sich wieder aus der Anschauung (Schnitte d-d und e-e). Wir erwähnen bei dieser Gelegenheit, dass das statische Moment der durch einen Horizontalen (Längs-)Schnitt durch den Schwerpunkt abgeschnittenen Querschnittsfläche S_y in Tabellen angegeben ist, in unserem Fall mit $S_y = 321$ cm^3.[33] Die in diesem Schnitt wirkende Schubspannung kann also ohne eigene Berechnung des statischen Momentes unmittelbar bestimmt werden. Diese Berechnung wird sogar noch einfacher, wenn man den in Tabellen angegebenen Wert $s_y = \dfrac{I_y}{S_y}$ berücksichtigt: $\max \tau_{xz} = \dfrac{V_z}{s_y \cdot b}$ Es handelt sich bei s_y übrigens um den sogenannten inneren Hebelarm der resultierenden Kräfte, wie die folgende kurze Betrachtung zeigt. Die resultierende Zugkraft z.B. ergibt sich in der Form

---

[33] Der Unterschied gegenüber dem von uns berechneten Wert von etwa 3% ist zurückzuführen auf die Vernachlässigung der Ausrundung im Flansch-Steg-Anschluss.

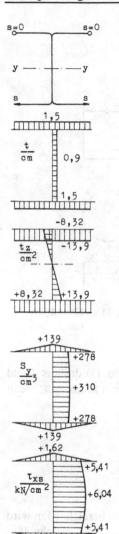

Bild 50
Schubspannungen τ_{xs}

$$Z = \int_0^{\frac{h}{2}} \sigma \cdot b \cdot dz = \int_0^{\frac{h}{2}} \frac{M_y}{I_y} \cdot z \cdot b \cdot dz = \frac{M_y}{I_y} \cdot \int_0^{\frac{h}{2}} z \cdot b \cdot dz = \frac{M_y}{I_y} \cdot S_y = \frac{M_y}{s_y} = |D|$$

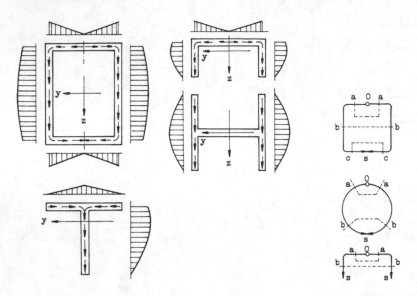

Bild 51 Schubspannungen auf dünnwandigen Quer-   **Bild 51a** Schnittfüh-
schnitten, beansprucht durch V_z rung

und muss betragsmäßig gleich der resultierenden Druckkraft sein. Da das aus Z und
D gebildete Kräftepaar dem wirkenden Biegemoment gleich sein muss, gilt, wenn
man den entsprechenden Hebelarm mit s_y bezeichnet

einerseits $M_y = Z \cdot s_y$

und andererseits $M_y = Z \cdot \dfrac{I_y}{S_y}$

Daraus ergibt sich $s_y = I_y/S_y$, was zu zeigen war.

Wie man sieht, ändert sich die Schubspannung nur wenig im Stegbereich. Man wird
deshalb keinen großen Fehler machen, wenn man die Querkraft V_z gleichmäßig
über die Stegfläche verteilt und also mit einer „mittleren Schubspannung" rechnet:

$\tau_{mittel} = V_z / A_{Steg}$. Mit $A_{Steg} = 18{,}5 \cdot 0{,}9 = 16{,}65$ cm^2 liefert das $\tau_{mittel} = 6{,}01$
kN/cm^2; die Abweichung beträgt, bezogen auf den „genauen Wert", weniger als
3%. Diese Art der Berechnung ist im Stahlbau erlaubt, die benötigten Werte für
A_{Steg} stehen in den üblichen Tabellenwerken. Wir kommen noch einmal zurück zu
den Schubspannungen im Bereich des Übergangs vom Flansch zu Steg. Wie man
sieht, ändern die Schubspannungen hier sprunghaft ihren Wert, wobei ein Zusammenhang zwischen den Werten im Flansch, und im Steg nicht sofort zu erkennen

ist. Ein solcher Zusammenhang wird erkennbar, wenn man nicht die Schubspannungen, sondern den Schubfluss darstellt: Der im Steg (an dessen Enden) zu übertragende Schubfluss ist gleich der Summe der in den jeweiligen Flanschhälften „ankommenden" Schubflüsse.

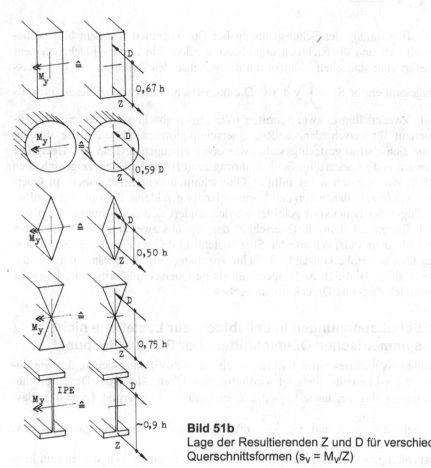

Bild 51b
Lage der Resultierenden Z und D für verschiedene
Querschnittsformen ($s_V = M_V/Z$)

Wir haben oben bereits erwähnt, dass eine entlang der Profilmittellinie laufende Koordinate s sich als Bezugsgröße ebenso gut eignet wie das orthogonale y-z-System. Natürlich wird man nicht nur bei der Berechnung, sondern auch bei der Bezeichnung der Schubspannungen sich beziehen auf diese Laufkoordinate, man wird also Schubspannungen τ_{xs} berechnen. Dabei stellt man fest, dass sich die Vorzeichen zum Teil gegenüber den oben berechneten τ_{xz} bzw. τ_{xy} ändern, was sofort einleuchtet. Die Richtung der Schubspannungen freilich ist von dem gewählten Bezugssystem unabhängig und muss sich stets gleich ergeben. Ausgehend von der Formel

$$\tau_{xs} = \frac{V_z \cdot S_y(s)}{I_y \cdot t(s)}$$

kann die Berechnung der Schubspannung bei Querschnitten wie dem hier vorliegenden einfach und übersichtlich organisiert werden. Ein kleines Flächenelement t · ds liefert zum statischen Moment um die y-Achse den Beitrag z · t · ds, sodass sich insgesamt ergibt $S_y = \int_0^s y \cdot t \cdot ds$. Die numerische Berechnung dieses Integrals geschieht zweckmäßig in zwei Schritten. Wir zeigen abschließend den Schubspannungsverlauf für verschiedene andere Querschnittsformen, ohne auf die Berechnung, die sich ebenso einfach gestaltet wie oben, einzugehen (Bild 51). Geeignete Koordinaten und zweckmäßige Schnittführung zeigt Bild 51a. Dabei zeigt sich noch deutlicher, was wir schon bei fülligen Querschnitten beobachtet haben: In Querschnittsbereichen, in denen von den Normalspannungen kleine Beiträge zur resultierenden Zug- oder Druckkraft geleistet werden, ändert sich der Schubfluss nur wenig. Den Extremfall stellt ein Querschnitt dar, der aus zwei zug- und druckfesten Gurten und einem (nur) schubfesten Steg besteht. In diesem Fall ist der Schubfluss im Steg über die Höhe konstant, die Schubspannungsverteilung hängt nur von der Stegbreite ab. In Bild 51b ist übrigens für einige Querschnittsformen die Lage der resultierenden Zug- und Druckkraft angegeben.

2.4.2 Schubspannungen in beliebigen, zur Lastebene nicht symmetrischen Querschnitten. Der Schubmittelpunkt

Wir wollen als nächstes einen Balken aus einem U-Profil untersuchen, der wie üblich in der z-x-Ebene querbelastet wird (Bild 52). Überprüfung des Deviationsmomentes für die eingezeichnete Lage des Koordinatensystems ergibt $I_{yz} = 0$, sodass die Formeln $\sigma = \frac{M}{I} \cdot z$ und $\tau = \frac{V \cdot S}{I \cdot t}$ offenbar den Normalspannungsverlauf bzw.

Schubspannungsverlauf (für sich allein) korrekt beschreiben. Wir wollen nun kontrollieren, ob die so ermittelten Schubspannungen tatsächlich der gegebenen Querkraft äquivalent sind und setzen die Schubspannungen dazu zu Teilresultierenden R_h und R_v zusammen (Bild 53).

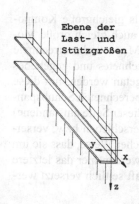

Ebene der Last- und Stützgrößen

Bild 52
Belastung eines Stabes mit U-Querschnitt in der x-z-Ebene

$$R_{ho} = \frac{\tau_{xs1} \cdot A_{Fl}}{2} = \frac{1}{4} \cdot \frac{V \cdot b \cdot h}{I} \cdot b \cdot t = \frac{V \cdot b^2 \cdot t \cdot h}{4 \cdot I} \qquad R_{ho} = R_{hu} = R_h$$

$$R_v = \left(\tau_{xs2} + \frac{2}{3} \cdot (\tau_{xs3} - \tau_{xs2}) \right) \cdot A_{Steg} = \frac{V}{I} \cdot \left(\frac{h^2 \cdot b \cdot t}{2} + \frac{h^3 \cdot s}{12} \right)$$

Mit $I = \dfrac{h^2 \cdot b \cdot t}{2} + \dfrac{h^3 \cdot s}{12}$ ergibt das wie erwartet $R_v = V$.

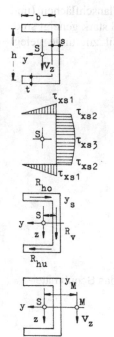

Bild 53
Schubmittelpunkt

Errechnetes und gegebenes Kraftsystem haben somit jeweils gleichgroße Komponenten in y- und z-Richtung. Bleibt noch zu prüfen, ob sie auch gleich große Momente um die x-Achse bilden. Das gegebene System liefert $M_{xg} = 0$, das errechnete System $M_{xe} = V \cdot y_s + R_h \cdot h$. Mit anderen Worten: Errechnetes und gegebenes Kraftsystem sind nicht äquivalent. Es kann nun zweierlei getan werden, um diese Äquivalenz herzustellen: Entweder wir fügen zu der bisher berechneten Schubspannungsverteilung eine weitere hinzu, die das (sozusagen auf dieser Seite entstandene) Torsionsmoment M_{xe} wieder rückgängig macht, oder wir verschieben bzw. versetzen die Lastebene und damit die (gegebene) Querkraft in solcher Weise, dass sie um die x-Achse das gleiche Torsionsmoment M_{xe} ausübt. Wir werden hier das letztere tun [34] und berechnen dazu das Maß y_M, um das die Querkraft seitlich versetzt werden muss, aus der Bedingung

$$V \cdot y_M = M_x = R_v \cdot y_s + R_h \cdot h \quad \text{zu} \quad y_M = y_s + \frac{b^2 \cdot t \cdot h^2}{4 \cdot I}.$$

Für ein Profil U200 ergibt das

$$y_M = 1{,}585 + \frac{7{,}075^2 \cdot 1{,}15 \cdot 18{,}85^2}{4 \cdot 1910} = 4{,}26 \text{ cm}.$$

Der Profiltafel entnehmen wir $y_M = 3{,}9$ cm. Die Abweichung des errechneten Wertes vom Tafelwert hängt zusammen damit, dass die inneren Flanschflächen (und damit auch die Profilmittellinie in diesem Bereich) beim U-Profil stark geneigt sind, während wir unserer Berechnung ein parallelflanschiges Profil zugrunde gelegt haben.

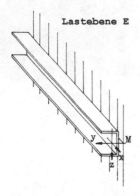

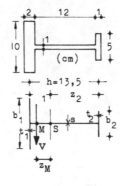

Bild 54 Die Lastebene enthält die Schubmittelpunktslinie

Bild 55 Zur Berechnung des Schubmittelpunktes

---

[34] Das Erstere wird im folgenden Abschnitt getan werden.

Wir stellen fest: Wird ein Biegebalken, bestehend aus einem U-Profil, durch q_z und die zugehörigen Stützkräfte beansprucht, so muss diese Belastung in einer Ebene E wirken, die parallel zur x-z-Ebene liegt und den Abstand y_M zu ihr hat, wenn die zu M_y und V_z gehörende Spannungsverteilung durch

$$\sigma_x = \frac{M_y}{I_y} \cdot z \quad \text{und} \quad \tau_{xs} = \frac{V_z \cdot S_y(s)}{I_y \cdot t(s)}$$

allein korrekt beschrieben werden und als einzige wesentliche Verformung eine Krümmung des Balkens (der Stabachse) in der x-z-Ebene auftreten soll. – Auf Grund der in Abschnitt 2.4.1 angestellten Betrachtungen wissen wir, dass bei einer Beanspruchung des U-Profils durch q_y diese Belastung in der x-y-Ebene wirken muss, damit gehörende Spannungsverteilung durch die Formeln

$$\sigma_x = \frac{-M_z}{I_z} \cdot y \quad \text{und} \quad \tau_{xs} = \frac{V_y \cdot S_z(s)}{I_z \cdot t(s)}$$

korrekt beschrieben wird und dementsprechend als (wesentliche) Verformung nur eine Krümmung; des Balkens in der x-y-Ebene auftritt. Bezeichnen wir (analog zur Schwerlinie) die Schnittlinie der oben definierten E-Ebene (Bild 54) mit der x-y-Ebene als Schubmittelpunktslinie und deren Durchstoßpunkt durch eine Querschnittsfläche als Schubmittelpunkt, dann können wir sagen: Wird ein Biegebalken, bestehend aus einem U-Profil, durch eine Querlast q beansprucht, so muss diese Querlast in einer (Last-) Ebene liegen, die die Schubmittelpunktslinie enthält, damit der Spannungszustand des Biegebalkens durch eine Linearkombination der o.a. vier Formeln korrekt beschrieben wird.[35]

Während man für verschiedene andere zur Lastebene unsymmetrische Querschnitte die Lage des Schubmittelpunktes ohne Rechnung unmittelbar aus der Anschauung angeben kann (s. u.) ist dies z.B. beim I-Träger mit ungleichen Gurten und beim geschlitzten Rohr (ebenso wie beim U-Profil) nicht möglich. Hier zunächst die Rechnung für das erstgenannte Profil (Bild 55). Die Lage des Schwerpunktes (relativ zur Profilmittellinie des rechten Gurtes) ergibt sich unmittelbar zu

$$z_2 = \frac{b_1 \cdot t_1 \cdot h + 0,5 \cdot h^2 \cdot s}{b_1 \cdot t_1 + b_2 \cdot t_2 + h \cdot s} = 9,38 \text{ cm} .$$

Das axiale Trägheitsmoment um die z-Achse ergibt sich zu

$$I_z = \frac{b_1^3 \cdot t_1}{12} + \frac{b_2^3 \cdot t_2}{12} + \frac{s^3 \cdot h}{12} = 178,2 \text{ cm}^4$$

---

[35] Zu diesem Spannungszustand gehört als einzige Verformung eine Krümmung des Biegebalkens. Die dabei entstehende Biege-Ebene fällt, wie wir bald sehen werden, i. A. nicht mit der Lastebene zusammen.

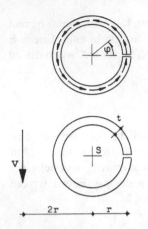

Bild 56 Das geschlitzte Rohr

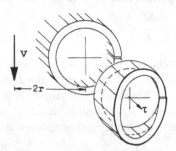

Bild 57 Schubspannungen auf dem Querschnitt eines geschlitzten Rohres

Da die Schubspannung etwa im linkem Gurt aus Symmetriegründen unmittelbar unterhalb des Steges ebenso groß ist wie unmittelbar oberhalb des Steges und also auch die beiden Schubflüsse $T = \tau \cdot t_2$ gleich groß sind, muss im Steg der Schubfluss ebenso wie die Schubspannung am Gurt-Anschluss und damit überall Null sein: Es treten nur in den Gurten Schubspannungen auf. Die entsprechenden Maximalwerte betragen

$$\tau_{xs1} = \frac{V \cdot b_1^2 \cdot t_1/8}{I_z \cdot t_1} \quad \text{und} \quad \tau_{xs2} = \frac{V \cdot b_2^2 \cdot t_2/8}{I_z \cdot t_2}$$

Die Resultierenden der Schubspannungen im linken bzw. rechten Gurt ergeben sich damit zu

$$R_1 = \frac{2}{3} \cdot \tau_{xs1} \cdot A_1 = \frac{V \cdot b_1^3 \cdot t_1/12}{I_z} \quad \text{und}$$

$$R_2 = \frac{2}{3} \cdot \tau_{xs2} \cdot A_2 = \frac{V \cdot b_2^3 \cdot t_2/12}{I_z} = \frac{V \cdot I_2}{I_z}$$

Damit das aus diesen Resultierenden gebildete Kraftsystem äquivalent ist der angreifenden Kraft V, muss diese vom Schwerpunkt den Abstand z_M haben:

$$V \cdot z_M = R_1 \cdot z_1 - R_2 \cdot z_2 \rightarrow z_M = \frac{I_1 \cdot z_1 - I_2 \cdot z_2}{I_z}$$

In unserem Fall ergibt sich mit $I_1 = 166,6$ cm^4 und $I_2 = 10,4$ cm^4, sowie $z_1 = 4,1$ cm und $z_2 = 9,38$ cm der Wert $z_M = (686 - 98)/178,2 = 3,3$cm

Damit ist die Lage des Schubmittelpunktes, der ja in jedem Fall auf der Symmetrieachse des Querschnitts, liegen muss, eindeutig bestimmt.

Für das geschlitzte Rohr (Bild 56) gestaltet sich die Bestimmung des Schubmittelpunktes recht einfach.

Ausgehend von der Formel $\tau_{xs} = \dfrac{V}{\pi \cdot r \cdot t} \cdot (1 - \cos\varphi)$ ergibt sich (Bild 57) das resultierende Moment M_x der Spannungskräfte unmittelbar zu

$$M_x = \int\limits_0^{2\pi} \tau_{xs} \cdot t \cdot r^2 \cdot d\varphi = \int\limits_0^{2\pi} \frac{V \cdot r}{\pi} \cdot (1 - \cos\varphi)\, d\varphi = 2 \cdot r \cdot V$$

Das gleiche Moment muss von der Querkraft um die x-Achse ausgeübt werden, die also im Abstand 2r von dieser Achse wirken muss.

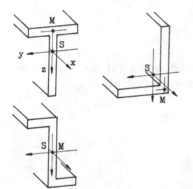

Bild 58
Zur Lage des Schubmittelpunktes

Wie oben schon erwähnt, kann man bei verschiedenen anderen Querschnitten die Lage des Schubmittelpunktes ohne Rechnung angeben. Beim T-Profil etwa ergibt eine Belastung durch q_z (mit V_z), dass der Schubmittelpunkt M auf der z-Achse (der Symmetrieachse) liegen muss; eine Belastung q_y (mit V_y), dass M auf der Flanschmittellinie liegen muss: M liegt damit im Schnittpunkt beider Linien, wie Bild 58 zeigt. Beim L-Querschnitt ergibt eine ähnliche Betrachtung, dass M im Schnittpunkt der Mittellinien beider Schenkel liegen muss. Beim Z-Profil muss M aus Symmetriegründen mit dem Schwerpunkt S zusammenfallen. Entsprechend kann man auch, bei einem doppelsymmetrischen Querschnitt von einem Schubmittelpunkt sprechen, der natürlich dort mit dem Schwerpunkt zusammenfällt. Wir haben in Kapitel 1 festgestellt, dass Normalspannungen und Schubspannungen Komponenten resultierender Spannung sind und zeigen in Bild 59 für einen Rechteckquerschnitt die zu diesem resultierenden Spannungen gehörendem kleinen Kraftvektoren für den Fall der Querkraftbiegung.

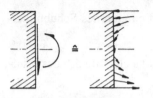

Bild 59
Flächenmäßig verteilte Kräfte

Bevor wir uns der Torsion von Stäben zuwenden, geben wir noch die durch Querkräfte verursachte Verformung eines Stabelementes an, also die gegenseitige Verschiebung der zwei Querschnittsflächen in ihren Ebenen. In einem kleinen Körperelement (dx=dy=dz=1), das durch Schubspannungen τ beansprucht wird, ist die innere Energie $a_i = \tau^2/(2 \cdot G)$ gespeichert (siehe Kapitel 1). Dann ist in einem Stabelement der Länge dx=1 und der Querschnittsfläche A die Energie

$$A_i = \int\limits_{(A)} a_i \cdot dA = \int\limits_{(A)} \left(\frac{\tau^2}{2 \cdot G} \right) dA$$

gespeichert. Die entsprechende Formänderungsarbeit wurde bei der Verformung von den äußeren Kräften geleistet und in dieses Element investiert:

$$A_a = \frac{1}{2} \cdot V \cdot w_s = \frac{1}{2} \cdot V \cdot \gamma \cdot 1.$$

Damit gilt

$$\gamma = \frac{1}{V \cdot G} \cdot \int\limits_{(A)} \tau^2 \cdot dA *.$$

Verwendung der Beziehung $\tau = \dfrac{V \cdot S}{I \cdot b}$ liefert

$$\gamma = \frac{V}{G \cdot A} \cdot A \cdot \int\limits_{(A)} \left(\frac{S}{I \cdot b} \right)^2 dA = \frac{V}{G \cdot A} \cdot \chi_v$$

Der dimensionslose Beiwert χ_v kann, wenn S und b als Funktion einer geeigneten Bezugsgröße bekannt sind, ohne weiteres ermittelt werden. Für einen Rechteckquerschnitt ergibt sich mit $S(z) = \dfrac{b}{2} \cdot \left[\left(\dfrac{h}{2} \right)^2 - z^2 \right]$ der Wert $\chi_V \approx 1{,}20$; für einen Voll-

kreis mit $S(\alpha) = \dfrac{2}{3} \cdot r^3 \cdot \sin^3\alpha$ und $b = (\alpha) = 2 \cdot r \cdot \sin\alpha$ der Wert $\chi_V \approx 1{,}11$.

Für I-Profile erhält man die Werte für χ_V einfacher, wenn man wie folgt überlegt: Die Schubspannungen haben im Steg näherungsweise den konstanten Wert $\tau \approx V/A_{Steg}$. Dies verarbeiten wir in der Beziehung * von der vorigen Seite und erhalten unmittelbar

$$\gamma \approx \frac{V}{G \cdot A_{Steg}} = \frac{V}{G \cdot A} \cdot \frac{A}{A_{Steg}}$$

Also gilt bei I-Profilen $\chi_V \approx A/A_{Steg}$. Für einige Profile ist der Wert dieses Quotienten hier angegeben.

Tafel 3 Schubverformungsbeiwerte

	I 120	I 300	I 450	IPB 200	IPB 400	IPB 700
χ_V	2,48	2,25	2,13	4,68	3,90	2,68

Schließlich wieder die Frage: Gibt es eine Belastung, zu der ausschließlich die Querschnittsspannungen

$$\tau = \frac{V_z \cdot S_y}{I_y \cdot b}$$

und die Verformungen

$$\gamma_{xz} = \frac{V_z}{G \cdot A} \cdot \chi_V$$

gehören?

Die Antwort: Nein; zu einer von Null verschiedenen Querkraft V_z gehört grundsätzlich ein sich mit x änderndes Biegemoment M_y. Somit treten zusammen mit diesen Spannungen und Verformungen stets die in Abschnitt 2.3.2 ermittelten Spannungen

$$\sigma_x = \frac{M_y}{I_y} \cdot z$$

und Krümmungen

$$\chi_{xz} = \frac{M_y}{E \cdot I_y} \qquad \text{auf.}$$

Die Frage muss deshalb lauten: Welche Belastung erzeugt in einem Balken den durch die oben angeschriebenen Formeln charakterisierten Spannungs- und Verformungszustand?

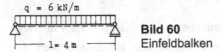

Bild 60

Einfeldbalken

Die Antwort: Eine parallel zu einer Hauptebene wirkende und auf die Schubmittelpunktslinie gerichtete Querbelastung.

Hierzu ein kleines Zahlenbeispiel:

Das in Bild 60 dargestellte System ist als Holzbalken (Nadelholz) zu bemessen. Welchen Wert hat die größte auftretende Krümmung?

Lösung: 1) Schnittgrößen: $\max M_y = \dfrac{q \cdot l^2}{8} = \dfrac{6 \cdot 4,00^2}{8} = 12 \text{ kNm}$

$$\max V_z = \frac{q \cdot l}{2} = \frac{6 \cdot 4,00}{2} = 12 \text{ kN}$$

2) Bemessung: Nach DIN 1052 (Holzbauwerke) gilt

zul $\sigma = 1,0$ kN/cm^2, zul $\tau = 0,09$ kN/cm^2, E = 1 000 kN/cm^2.

Damit ergibt sich erf $W_y = \dfrac{\text{vorh} M_y}{\text{zul} \sigma} = \dfrac{12 \cdot 100}{1,0} = 1200$ cm^3 .

Gewählt wird ein Kantholz **16/22** mit:

vorh A = 352 cm^2, vorh I$_y$ = 14 197 cm^4 und vorh W$_y$ = 1 291 cm^3.

Die größte im Balken auftretende Schubspannung beträgt

$$\max \tau = 1,5 \cdot \frac{V}{A} = 1,5 \cdot \frac{12}{352} = 0,0512 \text{ kN/cm}^2 < 0,09 \text{ kN/cm}^2 .$$

Als größte Krümmung ergibt sich

$$\chi = \frac{\max M}{E \cdot I} = \frac{12 \cdot 100}{10^3 \cdot 14197} = 8,46 \cdot 10^{-5} \frac{1}{\text{cm}} .$$

Dazu gehört der Krümmungsradius $\rho = \dfrac{1}{\chi} = 11830$ cm $= 118,30$ m .

2.5 Spannungen in einem Kreisquerschnitt und einem Kreisringquerschnitt, auf den ein Torsionsmoment wirkt

In den vorangegangenen Abschnitten haben wir angenommen, dass die Lastebene die Schubmittelpunktslinie enthält, sodass ein beanspruchter Stab nicht tordiert (verdreht) wird. Das wird man freilich nicht immer erreichen können, weshalb wir nun einen Stab untersuchen wollen, dessen Belastung nicht durch die Schubmittelpunktslinie geht (Bild 61). Wir können die auf diesen Stab wirkende Einzellast parallel zu ihrer Wirkungslinie in y-Richtung in die x-z-Ebene verschieben, wenn wir gleichzeitig das Versetzungsmoment $M_x = F \cdot a$ ansetzen. Die so verschobene Einzellast erzeugt in unserem Stab Biegemomente M_y und Querkräfte V_z, für die wir die zugehörige Spannungsverteilung inzwischen kennen. Das äußere Moment M_x verursacht als Schnittgröße ein (über x konstantes) Torsionsmoment M_T, für das wir die zugehörige Spannungsverteilung nun bestimmen wollen.

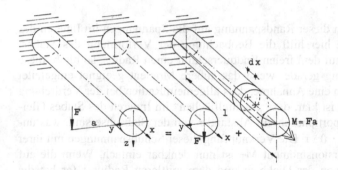

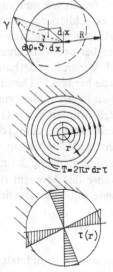

Bild 61 Torsion eines Stabes mit Kreisquerschnitt

Wir gehen wie bei der Untersuchung des Biegeproblems so auch hier von der Beobachtung der Verformung des Stabes aus und stellen fest, dass alle Querschnitte sich um die x-Achse(die Stabachse) drehen, wobei ihr Drehwinkel φ proportional der Entfernung von der Einspannstelle ist.

Eine etwa vor der Verformung markierte Mantellinie hat dann nach der Verformung die aus der Abbildung ersichtliche Lage. Wir stellen uns vor, neben dieser Mantellinie sei parallel im Abstand R · dφ eine zweite Mantellinie markiert worden (nicht eingezeichnet). Betrachtung eines herausgeschnittenen kleinen Stabelementes von der Länge dx zeigt dann, dass das ursprünglich rechteckige so entstandene Oberflächenstück (Kantenlängen dx und R · dφ) bei der Verformung in ein Parallelogramm übergegangen ist. Eine solche Verformung haben wir schon früher beobachtet: Sie heißt Gleitung und wird durch Schubspannungen hervorgerufen. Damit ist ein Anfang gemacht: $\tau = G \cdot \gamma$

Die Gleitung γ lässt sich nun leicht in Beziehung setzen zur gegenseitigen Verdrehung zweier Querschnitte im Abstand dx:

$$\gamma \cdot dx = d\varphi \cdot R \ , \quad \text{also} \quad \gamma = \frac{d\varphi}{dx} \cdot R$$

Damit ergibt sich $\tau = G \cdot \dfrac{d\varphi}{dx} \cdot R$. Der Quotient $\dfrac{d\varphi}{dx}$ erinnert sehr an den uns bekannten Quotienten $\dfrac{d\delta}{dx}$, den wir Dehnung genannt und mit ε bezeichnet haben. Wir führen deshalb auch für $\dfrac{d\varphi}{dx}$ ein neues Symbol ein, nämlich ϑ und nennen es Einheitsverdrehung oder (auf die Stablänge) bezogene Verdrehung (der Endquerschnitte): $\tau = G \cdot \vartheta \cdot R$.

Wie können wir nun von dieser Randspannung auf die Spannungen im Inneren des Stabes schließen? Auch hier hilft die Beobachtung der Verformung des Stabes: Markieren wir nämlich auf dem freien Endquerschnitt einen Radius, so bleibt diese Linie bei der Verformung gerade, wenn das äußere Moment geeignet eingeleitet wird. Wir treffen deshalb eine Annahme, dass allgemein Radien bei der Verdrehung gerade bleiben.[36] Damit ist klar, dass „Mantelflächen" im Inneren des Stabes Gleitungen erleiden, die proportional ihrem Abstand r von der Stabachse sind, was unmittelbar liefert $\tau(r) = G \cdot \vartheta \cdot r$. Die Verknüpfung dieser Schubspannungen mit ihrer Resultierenden, dem Torsionsmoment M_T ist nun denkbar einfach. Wenn die auf einem gedachten Ring von der Dicke dr und dem mittleren Radius r (er hat die Querschnittsfläche $2 \cdot \pi \cdot r \cdot dr$) wirkenden Schubspannungen $\tau = G \cdot \vartheta \cdot r$ um die x-Achse das Moment $dM_T = r \cdot \tau \cdot 2 \cdot \pi \cdot r \cdot dr$ ausüben, dann liefert die entsprechende Äquivalenzbedingung unmittelbar

$$M_T = \int_0^R \tau \cdot 2 \cdot \pi \cdot r^2 \cdot dr = \int_0^R G \cdot \vartheta \cdot 2 \cdot \pi \cdot r^3 \cdot dr = G \cdot \vartheta \cdot \pi \cdot \frac{R^4}{2}$$

oder, wenn wir im letzten Integral $2 \cdot \pi \cdot r \cdot dr = dA$ setzen

$$M_T = G \cdot \vartheta \cdot \int_{(A)} r^2 \cdot dA = G \cdot \vartheta \cdot I_p \ .$$

---

[36] Dies entspricht der Annahme vom Ebenbleiben der Querschnitte beim Biegeproblem.

Das Integral $\int r^2 \cdot dA = I_p$ nennt man polares Trägheitsmoment. Es ist im Gegensatz zu den axialen Trägheitsmomenten in Profiltafeln nicht tabelliert, kann aber aus ihnen unschwer errechnet werden, wie wir in Kapitel 3 zeigen werden Damit ergibt sich

$$\vartheta = \frac{M_T}{G \cdot I_p} \quad \text{bzw.} \quad \vartheta = \frac{M_T}{G \cdot \dfrac{\pi \cdot R^4}{2}}$$

Verarbeitung der Beziehung $\vartheta = \dfrac{\tau}{G \cdot r}$ liefert

$$\tau(r) = \frac{M_T}{I_p} \cdot r \quad \text{bzw.} \quad \max \tau = \frac{M_T}{\dfrac{\pi \cdot R^4}{2}} \cdot R$$

Die größte im Querschnitt auftretende Spannung ergibt sich mit r = R am Rand. Die Einführung eines polaren Widerstandsmomentes $W_p = I_p/R$ ergibt dann:

$$\max \tau = \frac{M_T}{W_p} \quad \text{bzw.} \quad \max \tau = \frac{M_T}{\dfrac{\pi \cdot R^3}{2}}$$

Das zulässige Torsionsmoment ergibt sich zu $\text{zul}\, M_T = \text{zul}\,\tau \cdot \dfrac{\pi \cdot R^3}{2}$, wächst also proportional der dritten Potenz von R. Durch Änderung der Integrationsgrenzen in der o.a. Äquivalenzbedingung können wir die Spannungsverteilung in einem Kreisringquerschnitt (Bild 62) berechnen:

$$M_T = \int_{R_i}^{R_a} \tau \cdot 2 \cdot \pi \cdot r^2 \cdot dr = G \cdot \vartheta \cdot \frac{\pi}{2} \cdot (R_a^4 - R_i^4) = G \cdot \vartheta \cdot I_p$$

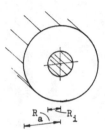

Bild 62
Dickwandiges Rohr

und also

$$\vartheta = \frac{M_T}{G \cdot \dfrac{\pi}{2} \cdot (R_a^4 - R_i^4)} \quad \text{bzw.} \quad \vartheta = \frac{M_T}{G \cdot I_p}.$$

Die Verwendung der Beziehung $\tau = G \cdot \vartheta \cdot r$ liefert wieder

$$\tau(r) = \frac{M_T}{\dfrac{\pi}{2} \cdot (R_a^4 - R_i^4)} \cdot r \quad \text{bzw.} \quad \tau(r) = \frac{M_T}{I_p} \cdot r.$$

Die Randspannung ergibt sich dann in der Form

$$\max \tau = \tau(R_a) = \frac{M_T}{\dfrac{\pi}{2} \cdot (R_a^4 - R_i^4)} \cdot R_a \quad \text{bzw.} \quad \max \tau = \frac{M_T}{W_T}.$$

Diese Formeln lassen sich noch vereinfachen, wenn das Rohr dünnwandig ist (Bild 63). Dann nämlich können wir annehmen, dass sich die Schubspannung über die Wandstärke nicht ändert und dementsprechend mit einer mittleren Schubspannung rechnen. Es ergibt sich unmittelbar $M_T = 2 \cdot \pi \cdot r_m \cdot \tau \cdot t \cdot r_m = 2 \cdot A_m \cdot \tau \cdot t$, wenn man mit A_m die durch die Profilmittellinie eingeschlossene Fläche $\pi \cdot r_m^2$ bezeichnet. Wir erhalten also für die mittlere Schubspannung in der Querschnittsebene

$$\tau_m = \frac{M_T}{2 \cdot A_m \cdot t}, \quad \text{also} \quad W_T = 2 \cdot A_m \cdot t$$

und für die bezogene Verdrehung $\vartheta = \dfrac{\tau}{G \cdot r_m}$ den Wert

$$\vartheta = \frac{M_T}{2 \cdot G \cdot A_m \cdot r_m \cdot t} \quad \text{also} \quad I_p = 2 \cdot A_m \cdot r_m \cdot t.$$

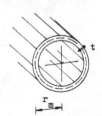

Bild 63
Dünnwandiges Rohr

Die Ähnlichkeit der oben abgeleiteten Ausdrücke mit den entsprechenden Ausdrücken, wie sie bei der Verteilung eines Biegemomentes gefunden wurden, ist offensichtlich. Auch hier ist ein Widerstandsmoment maßgebend für die größte im Querschnitt auftretende Spannung, die Randspannung, und ein Trägheitsmoment zusammen mit dem Gleitmodul G maßgebend für die Verformung. Das polare Trägheitsmoment kennzeichnet den Einfluss von Form und Größe des Querschnitts, der Gleitmodul G denjenigen des Materials.

Zahlenbeispiel:

Für ein dünnwandiges Rohr mit den Abmessungen r_m = 10 cm und t = 1 cm aus Stahl S235 soll das zulässige Torsionsmoment bestimmt werden mit zul τ = 9 kN/cm². Welcher bezogene Drehwinkel ergibt sich dabei?

Mit $I_p = 2 \cdot \pi \cdot 10^2 \cdot 10 \cdot 1 = 6283$ cm⁴, $W_T = 2 \cdot \pi \cdot 10^2 \cdot 1 = 628{,}3$ cm³ und G = 8100 kN/cm² ergibt sich:

$$\text{zul } M_T = \text{zul } \tau \cdot W_T = 9 \cdot 628{,}3 = 5655 \text{ kNcm} = 56{,}55 \text{ kNm}.$$

Dabei stellt sich ein der bezogene Drehwinkel

$$\vartheta = \frac{M_T}{G \cdot I_p} = \frac{5655}{8100 \cdot 6283} = 1{,}11 \cdot 10^{-4} \frac{1}{\text{cm}}.$$

Das bedeutet, dass sich zwei Querschnitte A und B im gegenseitigen Abstand von einem Zentimeter um den Winkel 1,11 · 10^{-4} (gemessen im Bogenmaß) gegeneinander verdrehen; ein Punkt des Querschnitts A im Abstand r_1 = 1 cm vom Drehpunkt durchläuft dann bei der Verdrehung einen Bogen von b_1 = 1,11 · 10^{-4} cm, wenn Querschnitt B unverdrehbar gehalten wird: ein anderer Punkt – etwa im Abstand r_2 = 10 cm – durchläuft entsprechend b_2 = 11,1 · 10^{-4} cm.

Als Nebenprodukt dieser Betrachtung fällt an die Bestätigung, dass auch bei der Torsion tatsächlich nur sehr kleine Verformungen auftreten, sodass die im Laufe der Untersuchung des Torsionsproblems gemachten Annahmen und Linearisierungen berechtigt sind. Schon bei der Biegung haben wir gesehen, dass die Wirtschaftlichkeit eines Querschnitts abhängt davon, welcher Anteil seiner Fläche im Bereich großer Spannungen liegt. Das ist auch so bei der Torsion. Wir wollen das an dem soeben gerechneten Beispiel zeigen. Wählen wir anstelle des dünnwandigen Rohres eine massive Welle mit R = 10 cm, so ergibt sich zul M_T = 141 kNm. Das zulässige Torsionsmoment der massiven Welle ist also 2,5-mal so groß wie diejenige des Rohres. Da die Querschnittsfläche dieser Welle 5-mal so groß ist wie diejenige des Rohres, ist die massive Welle wesentlich unwirtschaftlicher als das dünnwandige Rohr.

2.5.1 Torsionsspannungen in einem dünnwandigen (einzelligen) Hohlquerschnitt beliebiger Form

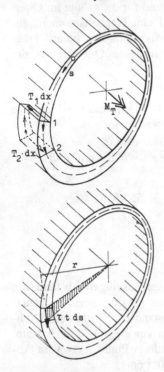

Bild 64
Dünnwandiger Hohlquerschnitt beliebiger Form

Es taucht nun die Frage auf: Können die oben gewonnenen Ergebnisse in gleicher oder ähnlicher Form auch für andere Querschnitte verwendet werden? Für drei Typen von Querschnitten wird diese Frage zu beantworten sein:

1) für nicht – kreisrunde dünnwandige Hohlquerschnitte wie zum Beispiel : Kastenquerschnitte;

2) für nicht – kreisförmige Vollquerschnitte wie zum Beispiel Rechteckquerschnitte;

3) für sogenannte dünnwandige offene Profile wie zum Beispiel Walzprofile.

Wir wollen in diesem Abschnitt dünnwandige geschlossene Profile untersuchen, die nicht mehr zentralsymmetrisch sind.

Die Beobachtung des Verformungsverhaltens solcher Stäbe zeigt, dass deren Querschnitte bei Torsion nicht mehr eben bleiben, sondern sich bei der Verdrehung auch noch verwölben. Diese Verwölbung führt, wenn sie behindert wird, natürlich zu Normalspannungen in Längsrichtung, die ihrerseits sogenannte sekundäre

Schubspannungen hervorrufen. Eine Behinderung der Verwölbung tritt ein im Wesentlichen in zwei Fällen:

1) wenn irgendein Querschnitt, etwa der Endquerschnitt, mit einer in Richtung der Stabachse biegesteifen oder gar starren Platte verbunden ist;

2) wenn sich das Torsionsmoment entlang der Stabachse ändert, insbesondere, wenn es sich sprunghaft ändert.[37] Wir wollen annehmen, dass die Querschnitte der im Folgenden untersuchten Stäbe sich frei und unbehindert verwölben können, sodass keine Normalspannungen in Querschnittsflächen entstehen. Man spricht in diesem Fall von Saint-Venantscher Torsion, während man bei behinderter Verwölbung von Wölbkrafttorsion spricht.

Wir gehen nun an die Berechnung der im Querschnitt wirkenden Schubspannungen (Bild 64). Die auf einem kleinen Teilquerschnitt $t \cdot ds$ wirkende Schubspannung τ liefert zum Torsionsmoment M_T, den Beitrag $dM_T = \tau \cdot t \cdot ds \cdot r$. Summierung aller entsprechenden Beiträge liefert

$$M_T = \int\limits_{(U)} r \cdot \tau \cdot t \cdot ds \,.$$

Da sich voraussetzungsgemäß weder das Torsionsmoment noch der Querschnitt des Stabes mit x ändert, ändert sich die Schubspannung nicht mit x. Da auf Grund der eben genannten Voraussetzungen nirgends im Querschnitt Normalspannungen wirken, muss, wie eine Gleichgewichtsbetrachtung eines durch zwei parallele Längsschnitte herausgeschnittenen Teiles des Stabelementes zeigt, der Schubfluss $T = \tau \cdot t$ über s konstant sein. Das Produkt $\tau \cdot t$ kann damit vor das Integral gezogen werden, sodass sich ergibt $M_T = \tau \cdot t \cdot \int r \cdot ds$. Wie man Bild 64 entnimmt, stellt das Produkt $r \cdot ds$ den doppelten Inhalt des schraffierten Dreiecks dar ($r \cdot ds$ = Grundfläche mal Höhe = $2 \cdot A_{Dreieck}$), sodass das entsprechende Integral die doppelte von der Profilmittellinie eingeschlossene Fläche darstellt: $M_T = \tau \cdot t \cdot 2 \cdot A_m$. Damit ergibt sich für die im Querschnitt vorhandene Schubspannung hier die gleiche Formel wie beim dünnwandigen Kreisrohr:

$$\tau = \frac{M_T}{2 \cdot A_m \cdot t} \qquad \text{1. Formel von Bredt}$$

---

[37] Ganz ähnlich lagen ja die Dinge bei der Biegung. Auch dort bleiben ebene Querschnitte nur in einem Sonderfall eben, nämlich bei der querkraftfreien Biegung prismatischer Stäbe mit Rechteckquerschnitt. Eine Verwölbung tritt stets auf bei Querkraftbiegung, führt jedoch im Falle einer über x konstanten Querkraft zu keinen zusätzlichen Normalspannungen, wenn sie nicht an den in Stabenden behindert wird.

Wie nun kommen wir zu einer Aussage über die zugehörige Verformung, die bezo-

gene Verdrehung? Die beim Kreisring gültige Beziehung $\vartheta = \dfrac{\tau}{G \cdot r}$ kann hier nicht

verwendet werden, was man schon erkennt an einem Versuch zur Beantwortung der Frage: Welches r und welches τ soll gelten? Ein Vergleich verschiedener Möglich-keiten zeigt, dass man hier am elegantesten und einfachsten zum Ziel kommt mit einer kleinen Arbeitsbetrachtung. Die von den äußeren Kräften bei der Verformung geleistete (Formänderungs-) Arbeit beträgt, wie wir wissen,

$$A_a = \frac{1}{2} \cdot M_T \cdot \varphi,$$

wenn sich die beiden durch M_T beanspruchten Endquerschnitte gegeneinander um den Winkel φ gedreht haben. Da bei dem Verformungsvorgang keine Energie dis-sipiert wird (er soll ja reversibel sein), muss die gleiche Arbeit im Stab gespeichert sein und von den inneren Kräften bei der Entlastung geleistet werden. Die in einer Volumeneinheit gespeicherte Arbeit (siehe etwa Kapitel 1) beträgt nun, wenn dort die Spannung τ herrscht

$$a_i = \frac{\tau^2}{2 \cdot G}.$$

In einem Element von der Größe ds $\cdot$ t $\cdot$ dx ist also die Arbeit

$$a_i \cdot ds \cdot t \cdot dx = \frac{\tau^2}{2 \cdot G} \cdot ds \cdot t \cdot dx$$

gespeichert. Da in den entsprechenden Elementen aller anderen Stabquerschnitte die gleiche Spannung herrscht, ist in dem Prisma t $\cdot$ ds $\cdot$ l die Arbeit

$$dA_i = \frac{\tau^2}{2 \cdot G} \cdot ds \cdot t \cdot l$$

gespeichert. Wir setzen hier für τ den oben errechneten Ausdruck und erhalten:

$$dA_i = \left(\frac{M_T}{2 \cdot A_m \cdot t} \right)^2 \cdot \frac{ds \cdot t \cdot l}{2 \cdot G} = \frac{M_T^2 \cdot l}{8 \cdot G \cdot A_m^2 \cdot t} \cdot ds.$$

Summation der in allen Prismen gespeicherten Arbeit liefert die im ganzen Stab gespeicherte Arbeit

$$A_i = \int_{(U)} \frac{M_T^2 \cdot l}{8 \cdot G \cdot A_m^2 \cdot t} \cdot ds = \frac{M_T^2 \cdot l}{8 \cdot G \cdot A_m^2} \cdot \oint \frac{ds}{t}$$

wobei wir die über s konstanten Werte vor das Integral gezogen haben. Diese im Stab gespeicherte Arbeit muss nun gleich der oben angegebenen bei der Verformung von den äußeren Kräften geleisteten Arbeit A_a sein, sodass sich ergibt

$$\frac{1}{2} \cdot M_T \cdot \varphi = \frac{M_T^2 \cdot l}{8 \cdot G \cdot A_m^2} \cdot \oint \frac{ds}{t}$$

und mit $\dfrac{\varphi}{l} = \vartheta$ schließlich $\vartheta = \dfrac{M_T}{4 \cdot G \cdot A_m^2} \cdot \oint \dfrac{ds}{t}$

die gesuchte Beziehung $\vartheta = \vartheta\,(M_T)$.

Abkürzend führen wir nun neu ein das Torsionsträgheitsmoment

$$I_t = \frac{4 \cdot A_m^2}{\oint \dfrac{ds}{t}} \quad \text{2. Formel von Bredt}^{[38]}$$

und schreiben damit allgemein $\vartheta = \dfrac{M_T}{G \cdot I_t}$.

Für den bereits behandelten Sonderfall des Kreisringes ergibt sich mit

$\oint \dfrac{ds}{t} = \dfrac{2 \cdot \pi \cdot r_m}{t}$ natürlich der o. a. Wert

$$I_t = 2 \cdot \pi \cdot r_m^3 \cdot t = 2 \cdot A_m \cdot r_m \cdot t = I_p.$$

Wir stellen deshalb fest: Die für das dünnwandige Kreisrohr gefundene Lösung lässt sich ohne weiteres auf beliebig geformte dünnwandige Hohlquerschnitte anwenden, wenn man anstelle des polaren Trägheitsmomentes das Torsionsträgheitsmoment

$$I_t = \frac{4 \cdot A_m^2}{\oint \dfrac{ds}{t}} \quad \text{einführt.}$$

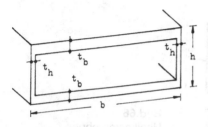

Bild 65
Hohlkasten mit Rechteckquerschnitt

---

[38] Rudolf Bredt, 1842–1900

Die Bestimmung des numerischen Wertes des o.a. Ringintegrals für regelmäßige Querschnitte, wie sie in der Technik vorkommen, ist recht einfach. So hat dies Integral z.B. für einen rechteckförmigen Hohlkasten (Bild 65) den unmittelbar angebbaren Wert

$$\oint \frac{ds}{t} = \frac{2 \cdot b}{t_b} + \frac{2 \cdot h}{t_h} = 2 \cdot \frac{b \cdot t_h + h \cdot t_b}{t_b \cdot t_h}$$

Hier ein kleines Zahlenbeispiel:

Der in Bild 66 dargestellte Hohlkasten wird durch $M_T = 10000$ kNm beansprucht. Es soll der auftretende Schubfluss, die größte Schubspannung und die zugehörige bezogene Verdrehung bestimmt werden.

Lösung:

1) Querschnittswerte:

$$\text{vorh } A_m = 268 \cdot 940 = 25{,}2 \cdot 10^4 \text{ cm}^2$$

$$\text{vorh } I_t = \frac{4 \cdot A_m^2}{\oint \dfrac{ds}{t}} = \frac{4 \cdot (25{,}2 \cdot 10^4)^2}{2 \cdot \left(\dfrac{268}{1{,}5} + \dfrac{940}{1{,}6} + \dfrac{940}{2{,}0} \right)} = 1{,}80 \cdot 10^8 \text{ cm}^4 .$$

2) Nachweis der Spannungen und Verformung:

$$\text{vorh } T = \frac{M_T}{2 \cdot A_m} = \frac{1 \cdot 10^6}{2 \cdot 25{,}2 \cdot 10^4} = 1{,}98 \; \frac{kN}{cm} .$$

In den dünnen Seitenwänden wirkt damit $\max \tau = 1{,}98/1{,}5 = 1{,}32 \; kN/cm^2$.

Die bezogene Verdrehung ergibt sich mit $G = 8100$ kN/cm^2 zu

$$\vartheta = \frac{M_T}{G \cdot I_t} = \frac{10^6}{8100 \cdot 1{,}80 \cdot 10^8} = 0{,}69 \cdot 10^{-6} \frac{1}{cm} .$$

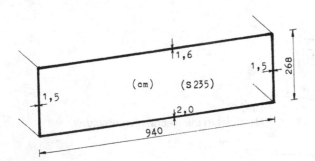

Bild 66
Hohlkasten ohne
Zwischenstege

Zur Veranschaulichung dieses Wertes die folgende kleine Rechnung: Wird der Hohlkasten etwa über seine Länge von 20 m durch das konstante Torsionsmoment $M_T = 10000$ kNm beansprucht, so verdrehen sich die Endquerschnitte gegenseitig um den Winkel $\varphi = 20 \cdot 100 \cdot 0{,}69 \cdot 10^{-6} = 1{,}38 \cdot 10^{-3}$. Ein von der Drehachse [39] $r = 5$ m entfernter Punkt eines Endquerschnittes durchläuft also einen Bogen von der Länge $b = 500 \cdot 1{,}38 \cdot 10^{-3} = 0{,}69$ cm, wenn der andere Endquerschnitt unverdrehbar gehalten wird.

Es muss in diesem Zusammenhang erwähnt werden, dass wir bei der Ableitung der oben verwendeten Beziehungen stillschweigend vorausgesetzt haben, dass die Querschnittsform bei der Beanspruchung erhalten bleibt.[40] Damit der hier untersuchte Hohlkasten diese Voraussetzung erfüllt, muss er ausgesteift werden. Das kann durch Anordnung von Querschotts oder Längsschotts geschehen, die entweder als (vollwandiges) Blech oder als Fachwerk ausgebildet werden. Bei Anordnung von Längsschotts (Stegen) wird das Problem des mehrzelligen Hohlquerschnitts aktuell, siehe Absatz 2.5.4.

2.5.2 Torsionsspannungen in nicht-kreisförmigen Vollquerschnitten

Die Beobachtung des Formänderungsverhaltens von tordierten Stäben mit nicht – kreisförmigem, sagen wir etwa mit rechteckigem Vollquerschnitt zeigt, dass hier ebene Querschnitte bei der Verdrehung nicht eben bleiben sondern sich verwölben, wie wir das schon bei nicht zentralsymmetrischen (dünnwandigen) Hohlquerschnitten gesehen haben. Während wir jedoch bei jenen Querschnitten wegen ihrer Dünnwandigkeit eine Annahme wenigstens über die Richtung der Schubspannungen im Querschnitt machen konnten, ist das hier nun nicht mehr möglich. Außerdem bleiben bei einer Verdrehung radiale Linien nicht mehr gerade, sodass auch die Proportionalität zwischen τ und r nicht mehr besteht.[41] Dementsprechend gestaltet sich selbst für die Saint-Venantsche Torsion, bei der sich die Querschnitte ungehindert und frei verwölben können und also keine Zusatzspannungen entstehen, die Untersuchung des Problems nicht mehr ganz einfach. Wir wollen deshalb im Rahmen dieser Betrachtungen ohne weitere Berechnungen sofort das Ergebnis dieser

---

[39] Über die Lage der Drehachse haben wir weder hier noch bei den anderen Problemen der Saint-Venantschen Torsion irgendwelche Angaben gemacht. Tatsächlich sind Schubspannungsverlauf und bezogene Verdrehung von ihr unabhängig. Abhängig von ihr ist jedoch die Verwölbung. Die dabei auftretenden Verschiebungen der einzelnen Querschnittspunkte in Längsrichtung haben wir im Rahmen dieser Einführung nicht berechnet.

[40] Bei der Behandlung eines Bauteils als Stab wird das stets vorausgesetzt. Bei der Behandlung als Flächentragwerk (hier Faltwerk) nie.

[41] Diese Proportionalität besteht nur beim Kreis und Kreisring.

Untersuchungen zur Kenntnis nehmen. Ein wesentliches Ergebnis ist, dass auch für Stäbe mit beliebig geformtem Vollquerschnitt sich die Verdrehung in der für den Kreisquerschnitt ermittelten Form

$$\vartheta = \frac{M_T}{G \cdot I_t}$$

angeben lässt, wobei – wie schon bei den Hohlquerschnitten – I_p durch I_t ersetzt wird. Für viele verschiedene Querschnittsformen hat C. *Weber* den Wert von I_t in einer 1921 vom VDI herausgegebenen Schrift (Die Lehre der Drehungsfestigkeit) angegeben. Uns interessiert vor allem der Rechteckquerschnitt (Bild 67), für den sich $I_t = \beta \cdot b^3 \cdot h$ ergibt (h/b > 1).

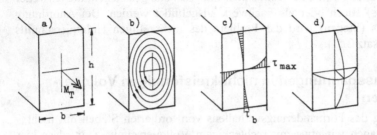

Bild 67
Torsionsspan-
nungen in recht-
eckigen Voll-
querschnitten

Der vom Seitenverhältnis abhängige Korrekturfaktor β ist für einige Werte von h/b in der Tafel 4 angegeben. Was die Spannungen in nicht kreisförmigen Querschnitten betrifft, so hat ebenfalls C. *Weber* für viele Querschnittsformen Größe und Ort der maximalen Schubspannung angegeben. Für den uns interessierenden Rechteckquerschnitt ergibt sich die größte Schubspannung in der Mitte der längeren Seite, und zwar in der uns bekannten Form max $\tau = M_T/W_t$ mit $W_t = \alpha \cdot b^2 \cdot h$. Der Korrekturfaktor α ist wieder vom Seitenverhältnis des Rechtecks abhängig und für einige Werte von h/b ebenfalls in der Tafel 4 angegeben. Die Spannung in der Mitte der kurzen Seite ergibt sich dabei zu $\tau = \gamma \cdot$ max τ, wobei γ ebenfalls der Tafel 4 zu entnehmen ist. Was die Spannungsverteilung angeht, so kann man sich von ihr ein recht gutes Bild machen mit Hilfe von zwei allgemein gültigen Analogien: Dem Strömungsgleichnis und dem Seifenhautgleichnis.

Tafel 4

h/b	1	1,5	2	3	4	6	8	10	∞
α	0,208	0,231	0,246	0,267	0,282	0,299	0,307	0,313	0,333
β	0,140	0,196	0,229	0,263	0,281	0,299	0,307	0,313	0,333
γ	1,000	0,858	0,796	0,753	0,745	0,743	0,743	0,743	0,743

Das Strömungsgleichnis[42] besagt folgendes: Zirkuliert in einem zylindrischen Gefäß, das den gleichen Querschnitt hat wie der tordierte Stab, eine reibungslose und inkompressible Flüssigkeit mit konstantem Wirbel, so stimmen die sich dabei einstellenden Strömungslinien mit den Schubspannungslinien im Querschnitt des tordierten Stabes (Bild 67b) überein, während die Strömungsgeschwindigkeit der Intensität der Schubspannung proportional ist.

Das Seifenhautgleichnis besagt dieses: Wird aus einem Blech ein Loch ausgeschnitten, dessen Form mit dem Querschnitt des tordierten Stabes übereinstimmt, so gibt die Form einer elastischen Haut , die über dieses Loch gespannt und von einer Seite her einem kleinen Überdruck ausgesetzt wird (Bild 67d) Aufschluss über die Schubspannungen in dem Querschnitt: Die Höhenschichtlinien stimmen mit den Schubspannungslinien überein und das Gefälle des Hügels, also die Dichte der Höhenschichtlinien, ist der Intensität der örtlichen Schubspannung proportional. Das Volumen des durch die gewölbte Haut gebildeten Hügels bezogen auf den dabei herrschenden Überdruck ist dem Torsionsträgheitsmoment des Querschnitts proportional.

Eine Auswertung dieser Gleichnisse für den Rechteckquerschnitt zeigt unmittelbar, dass die Schubspannungen nicht mehr geradlinig über die Querschnittsbreite oder - höhe verteilt sind (Bild 67c) und in den vier Ecken verschwinden.

Hierzu ein kleines Zahlenbeispiel:

Ein prismatischer Stab mit quadratischem Querschnitt der Kantenlänge a = 10 cm aus Baustahl S235 wird durch das Torsionsmoment M_T = 10 kNm beansprucht. Wie groß sind die maximal auftretende Schubspannung und die bezogene Verdrehung?

Lösung:

1) Querschnittswerte:

$$\text{vorh } I_t = \beta \cdot b^3 \cdot h = 0{,}140 \cdot 10000 = 1400 \text{ cm}^4$$

$$\text{vorh } W_t = \alpha \cdot b^2 \cdot h = 0{,}208 \cdot 1000 = 208 \text{ cm}^3$$

2) Nachweis der Spannung und Verformung

$$\max \tau = M_T / W_t = 10 \cdot 100/208 = 4{,}82 \text{ kN/cm}^2$$

$$\vartheta = \frac{M_T}{G \cdot I_t} = \frac{10 \cdot 100}{8100 \cdot 1400} = 0{,}88 \cdot 10^{-4} \frac{1}{\text{cm}} \, .$$

---

[42] nach Ludwig Prandtl, 1875–1953

Hat der Stab einen rechteckigen Querschnitt gleichen Flächeninhalts, also etwa mit den Kantenlängen h/b = 20/5 (cm), so ergibt sich:

1) vorh $I_t = \beta \cdot b^3 \cdot h = 0,281 \cdot 125 \cdot 20 = 702,5$ cm^4

   vorh $W_t = \alpha \cdot b^2 \cdot h = 0,282 \cdot 25 \cdot 20 = 141$ cm^3

2) max $\tau = M_T/W_t = 10 \cdot 100/141 = 7,09$ kN/cm^2

$$\vartheta = \frac{M_T}{G \cdot I_t} = \frac{10 \cdot 100}{8100 \cdot 702,5} = 1,76 \cdot 10^{-4} \frac{1}{cm}$$

Hat der Stab einen Kreisquerschnitt gleichen Flächeninhalts, also mit dem Durchmesser D = 11,25 cm, so ergibt sich:

1) vorh $I_t = \pi \cdot R^4/2 = 1573$ cm^4 und vorh $W_t = \pi \cdot R^3/2 = 280$ cm^3

   max $\tau = M_T/W_t = 10 \cdot 100/280 = 3,57$ kN/cm^2

$$\vartheta = \frac{M_T}{G \cdot I_t} = \frac{10 \cdot 100}{8100 \cdot 1573} = 0,78 \cdot 10^{-4} \frac{1}{cm}$$

2.5.3 Torsionsspannungen in Walzprofilen und anderen schlanken offenen Querschnitten

Für die Praxis sehr wichtig ist die Kenntnis der Spannungen in tordierten Walzprofilen. Die genaue Lösung hierfür hat A. *Föppl* 1917 angegeben, auf den auch die im Folgenden wiedergegebenen Näherungsausdrücke zurückgehen. Man kann sich die Walzprofile zusammengesetzt denken aus verschiedenen schmalen Rechtecken, für deren Torsionsträgheitsmoment nach Tafel 4 der Korrekturfaktor $\beta = 0,333 = 1/3$ gilt. Damit ergibt sich unter Zuhilfenahme eines Beiwertes η, der die spezielle Konfiguration der einzelnen Profile berücksichtigt, das Torsionsträgheitsmoment in der Form

$$I_t = \frac{\eta}{3} \sum b_i^3 \cdot h_i \ . \quad h_i > b_i$$

Tafel 5

	L	U	T	I	IPB
η	0,99	1,12	1,12	1,31	1,29

Der Wert von η ist für einige Profile in Tafel 5 angegeben. In ähnlicher Weise lässt sich auch die Schubspannung berechnen. In der Mitte der Längsseite des k-ten Rechtecks ergibt sich

$$\tau_k = \frac{M_T \cdot b_k}{\frac{\eta}{3} \cdot \sum b_i^3 \cdot h_i}$$

Die größte im Querschnitt auftretende Schubspannung beträgt damit

$$\max \tau = \frac{M_T}{I_t} \cdot b_{max},$$

sodass das Torsionswiderstandsmoment solcher Querschnitte angegeben werden kann in der Form

$$W_t = \frac{I_t}{b_{max}}$$

Genauere Werte für das Torsionsträgheitsmoment erhält man auf Grund der Untersuchungen von *Trayer & March* (NACA – Report 334, 1930), für ein IPB – Profil (HE-B -Profil) etwa in der Form

$$I_t = 2 \cdot \left[\frac{1}{3} \cdot b \cdot t^3 \left(1 - 0,630 \cdot \frac{t}{b} \right) \right] + \frac{1}{3}(h - 2 \cdot t) \cdot s^3 + 2 \cdot \alpha \cdot D^4$$

wobei D der Durchmesser des im Übergangsbereich von Steg und Flansch eingeschriebenen Kreises ist und α von den Profilstärken und vom Ausrundungsradius beim Übergang Steg/Flansch abhängt. Die übrigen Symbole stimmen überein mit den in Profiltafeln gegebenen. *Bornscheuer* hat für etliche Profile das Torsionsträgheitsmoment nach solchen Formeln berechnet und im „Stahlbau" 3/1961 bzw. 12/1963 veröffentlicht.

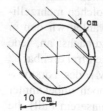

Bild 68

Solche offenen Profile sind für die Übertragung von Torsionsmomenten nicht geeignet; sie können im Vergleich zu geschlossenen Profilen etwa gleicher Außenabmessungen nur kleine Torsionsmomente übertragen und zeigen dabei vergleichsweise große Verformungen. Um dies zu zeigen, berechnen wir für ein geschlitztes Stahlrohr (Bild 68) das (größte) zulässige Torsionsmoment und die zugehörige bezogene Verdrehung. Mit

$$I_t = 2 \cdot \pi \cdot 10 \cdot 1^3/3 = 20,9 \text{ cm}^4, \quad W_t = 20,9/1 = 20,9 \text{ cm}^3$$

$$G = 8100 \text{ kN/cm}^2 \quad \text{und} \quad \text{zul } \tau = 9 \text{ kN/cm}^2$$

ergibt sich   zul $M_T = 9 \cdot 20,9 = 188 \text{ kNcm} = 1,88 \text{ kNm}$

und $\vartheta = \dfrac{188}{8100 \cdot 20,9} = 1,11 \cdot 10^{-3} \dfrac{1}{\text{cm}}.$

Das in Abschnitt 2.5 untersuchte ungeschlitzte Rohr weist bei gleichgroßem Torsionsmoment folgende Verdrillung und Spannung auf:

$$\vartheta = \frac{188}{8100 \cdot 6283} = 0,00369 \cdot 10^{-3} \frac{1}{\text{cm}} \quad \text{und} \quad \tau = \frac{188}{628,3} = 0,30 \frac{\text{kN}}{\text{cm}^2}.$$

Man sieht: Wirken auf ein geschlitztes und ein ungeschlitztes Rohr Torsionsmomente gleicher Größe, so sind die im geschlitzten Rohr entstehenden Spannungen etwa 30 mal so groß wie die im ungeschlitzten Rohr entstehenden Spannungen, während die bezogene Verdrehung, die Verdrillung, des geschlitzten Rohres etwa 300 mal so groß ist wie diejenige des ungeschlitzten Rohres.

2.5.4 Torsionsspannungen in mehrzelligen dünnwandigen Hohlquerschnitten

In Abschnitt 2.5.1 haben wir die Schubspannungen in einzelligen Hohlquerschnitten bei Saint-Venantscher Torsion untersucht. Wenn nun solche Hohlquerschnitte sehr groß werden, wie etwa bei großen Brückenbauwerken, dann kann es aus verschiedenen Gründen zweckmäßig oder gar erforderlich werden, Zwischenstege vorzusehen, wobei dann mehrzellige Hohlquerschnitte entstehen. Wir wollen deshalb nun die Frage beantworten, wie die Schubspannungen sich in einem solchen mehrzelligen dünnwandigen Hohlquerschnitt bei Torsion verteilen. Dazu wählen wir den in Bild 69 dargestellten dreizelligen Hohlquerschnitt und nehmen zunächst an, jede Einzelzelle sei für sich allein und unabhängig von den Nachbarzellen frei drehbar.[43] Dann nimmt jede Zelle einen (zurzeit noch unbekannten) Anteil M_{Ti} des Torsionsmomentes M_T auf, zu dem nach Abschnitt 2.5.1 ein ebenfalls noch unbekannter Schubfluss $T_i = M_{Ti}/(2 \cdot A_i)$ gehört. Unbekannt sind damit (in unserem Fall) die drei Torsionsmomente M_{T1}, M_{T2}, M_{T3} sowie die drei Schubflüsse T_1, T_2 und T_3, also sechs Größen, zu deren Berechnung nur die 3 Bestimmungsgleichungen

---

[43] Bei der Realisation dieses Gedankenmodells gibt es gewisse Schwierigkeiten. Wir wollen nämlich nicht etwa die Stege entlang ihrer Mittellinie auftrennen, sondern sie sowohl zur einen als auch zur anderen benachbarten Zelle rechnen; dann wirken in ihnen Schubflüsse aus der Beanspruchung beider Zellen, wie wir noch sehen werden.

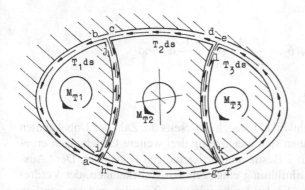

Bild 69
Torsionsspannungen in mehrzelligen Hohlquerschnitten

$$T_1 = M_{T1}/(2 \cdot A_1) \;,\;\; T_2 = M_{T2}/(2 \cdot A_2) \;\;\text{und}\;\; T_3 = M_{T3}/(2 \cdot A_3)$$

zur Verfügung stehen. Eine weitere Bestimmungsgleichung liefert die Bedingung, dass die Summe der drei Einzelmomente gleich sein muss dem gegebenen Moment:

$$M_T = M_{T1} + M_{T2} + M_{T3} \;.$$

Für die eindeutige Lösung dieses Systems fehlen 2 Gleichungen. Diese liefert eine Betrachtung des Verformungsverhaltens des tordierten Trägers. Zu den drei Torsionsmomenten M_{Ti} gehören nämlich drei bezogene Drehwinkel ϑ_i die sich nun allerdings wegen des in der letzten Fußnote erläuterten Umstandes nicht in der für einzellige Hohlquerschnitte gültigen Form

$$\vartheta_i = \frac{M_{Ti}}{4 \cdot G \cdot A_i^2} \oint \frac{ds}{t}$$

ergeben, da bei deren Herleitung ein über den Umfang konstanter Schubfluss vorausgesetzt wurde. Sie ergeben sich, wenn wir an die in Abschnitt 2.5.1 gemachten Ausführungen unmittelbar anknüpfen, hier in dieser Form:

Einerseits ist

$$dA_i = \frac{\tau^2}{2 \cdot G} \cdot ds \cdot t \cdot l = \frac{(\tau \cdot t)^2}{2 \cdot G} \cdot l \cdot \frac{ds}{t} = \frac{T^2}{2 \cdot G} \cdot l \cdot \frac{ds}{t} \;\rightarrow\; A_i = \frac{l}{2 \cdot G} \cdot \int_{(U)} \frac{T^2}{t} \cdot ds$$

Andererseits ist

$$A_a = \frac{1}{2} \cdot M_T \cdot \varphi = \frac{1}{2} \cdot \varphi \cdot \int_{(U)} T \cdot r \cdot ds = \varphi \cdot \int_{(U)} T \cdot dA_m \;,$$

sodass sich wegen $A_i = A_a$ ergibt

$$\frac{\varphi}{l} = \vartheta = \frac{1}{2 \cdot G \cdot A_m} \cdot \oint \frac{T}{t} ds$$

Damit erhalten wir

$$\vartheta_1 = \frac{1}{2 \cdot G \cdot A_1} \cdot \oint_{(1)} \frac{T_1}{t} \, ds \,, \quad \vartheta_2 = \frac{1}{2 \cdot G \cdot A_2} \cdot \oint_{(2)} \frac{T_2}{t} \, ds \quad \text{und}$$

$$\vartheta_3 = \frac{1}{2 \cdot G \cdot A_3} \cdot \oint_{(3)} \frac{T_3}{t} \, ds$$

Durch das Auftreten dieser Drehwinkel hat sich einerseits die Zahl der Unbekannten um drei erhöht, andererseits haben sich gleichzeitig drei weitere Gleichungen ergeben: 9 Unbekannten stehen nun 7 Bestimmungsgleichungen gegenüber. Der „Ausgleich" wird hergestellt durch Einführung einer zehnten Unbekannten, der Verdrehung des Gesamtquerschnitts ϑ. Die drei Drehwinkel ϑ_1, ϑ_2 und ϑ_3 müssen nämlich miteinander übereinstimmen und alle gleich sein dem Drehwinkel des Gesamtquerschnitts ϑ, was die drei nun noch fehlenden Bestimmungsgleichungen liefert:

$$\vartheta = \vartheta_1 = \vartheta_2 = \vartheta_3$$

Damit ist das Problem eindeutig lösbar, es ist im Prinzip gelöst. Bevor wir den Gang der Rechnung an einem Beispiel zeigen, überlegen wir noch, welche der o.a. Größen für eine evtl. sich anschließende Bemessung gebraucht werden und welche nicht. Gebraucht werden mit Sicherheit die drei Schubflüsse T_1 bis T_3 und der bezogene Drehwinkel des Gesamtquerschnitts ϑ. Dementsprechend eliminieren wir die übrigen Größen und erhalten für die vier o.a. Unbekannten die vier Bestimmungsgleichungen

$$2 \cdot A_1 \cdot T_1 + 2 \cdot A_2 \cdot T_2 + 2 \cdot A_3 \cdot T_3 = M_T \tag{I}$$

$$\frac{1}{2 \cdot G \cdot A_1} \cdot \left[T_1 \cdot \int_a^b \frac{ds}{t} + (T_1 - T_2) \cdot \int_j^i \frac{ds}{t} \right] = \vartheta \tag{II}$$

$$\frac{1}{2 \cdot G \cdot A_2} \cdot \left[T_2 \cdot \int_c^d \frac{ds}{t} + (T_2 - T_3) \cdot \int_k^l \frac{ds}{t} + T_2 \cdot \int_h^g \frac{ds}{t} + (T_2 - T_1) \cdot \int_j^i \frac{ds}{t} \right] = \vartheta \tag{III}$$

$$\frac{1}{2 \cdot G \cdot A_3} \cdot \left[T_3 \cdot \int_f^e \frac{ds}{t} + (T_3 - T_2) \cdot \int_l^k \frac{ds}{t} \right] = \vartheta \tag{IV}$$

Wie man sieht, handelt es sich dabei um vier lineare Gleichungen, deren Koeffizienten, wie wir gleich sehen werden, sich für Querschnitte, wie sie in der Bautechnik vorkommen, sehr einfach berechnen lassen. Hier nun die Berechnung des in Bild 70 dargestellten Querschnitts.

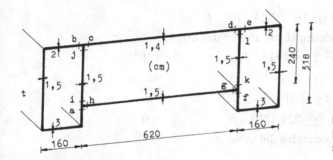

Bild 70
Mehrzelliger Hohlquer-
schnitt

Mit G = 8100 kN/cm^2 und

$A_1 = 160 \cdot 318 = 509 \cdot 10^2$ cm^2 $2 \cdot G \cdot A_1 = 824 \cdot 10^6$ kN

$A_2 = 620 \cdot 240 = 1488 \cdot 10^2$ cm^2 ergibt sich $2 \cdot G \cdot A_2 = 2410 \cdot 10^6$ kN

$A_3 = A_1 = 509 \cdot 10^2$ cm^2 $2 \cdot G \cdot A_3 = 824 \cdot 10^6$ kN

Die Integrale ergeben sich zu

$$\int_a^b \frac{ds}{t} = \frac{78}{1,5} + \frac{160}{3} + \frac{318}{1,5} + \frac{160}{2} = 397,3$$

$$\int_j^i \frac{ds}{t} = \frac{240}{1,5} = 160 \qquad \int_i^j \frac{ds}{t} = \frac{240}{1,5} = 160$$

$$\int_c^d \frac{ds}{t} = \frac{620}{1,4} = 443 \qquad \int_e^f \frac{ds}{t} = \int_a^b \frac{ds}{t} = 397,3$$

$$\int_l^k \frac{ds}{t} = \frac{240}{1,4} = 160 \qquad \int_k^l \frac{ds}{t} = \int_j^i \frac{ds}{t} = 160$$

$$\int_g^h \frac{ds}{t} = \frac{620}{1,5} = 413$$

Damit ergibt sich mit $M_T = 10000$ kNm $= 10^6$ kNcm

$$1018 \cdot T_1 + 2976 \cdot T_2 + 1018 \cdot T_3 = 1 \cdot 10^4$$

$$397,3 \cdot T_1 + 160 \cdot (T_1 - T_2) = 824 \cdot 10^6 \cdot \vartheta$$

$$160 \cdot (T_2 - T_1) + 413 \cdot T_2 + 443 \cdot T_2 + 160 \cdot (T_2 - T_3) = 2410 \cdot 10^6 \cdot \vartheta$$

$$397{,}3 \cdot T_3 + (T_3 - T_2) \cdot 160 = 824 \cdot 10^6 \cdot \vartheta$$

Wir ordnen das System nach den Unbekannten und erhalten

$$+ 1018 \cdot T_1 + 2976 \cdot T_2 + 1018 \cdot T_3 \qquad\qquad = 10^4$$

$$+ 557{,}3 \cdot T_1 - 160 \cdot T_2 - 824 \cdot 10^6 \cdot \vartheta \qquad\qquad = 0$$

$$- 160 \cdot T_1 + 1176 \cdot T_2 - 160 \cdot T_3 - 2410 \cdot 10^6 \cdot \vartheta = 0$$

$$- 160 \cdot T_2 + 557{,}3 \cdot T_3 - 824 \cdot 10^6 \cdot \vartheta \qquad\qquad = 0$$

Dieses lineare Gleichungssystem hat die Lösung

$$T_1 = 1{,}80 \text{ kN/cm}, \quad T_2 = 213 \text{ kN/cm}, \quad T_3 = 180 \text{ kN/cm}, \quad \vartheta = 0{,}80 \cdot 10^{-6} \, \frac{1}{\text{cm}}$$

Damit können die (Saint-Venantschen) Schubspannungen an jeder Stelle des Querschnitts unmittelbar angegeben werden.

Aus der Gleichung $\vartheta = M_T/(G \cdot I_t)$ kann man nun das Torsionsträgheitsmoment dieses Querschnitts ermitteln.

Es ergibt sich zu

$$I_t = \frac{10^6}{8100 \cdot 0{,}80 \cdot 10^{-6}} = 1{,}54 \cdot 10^8 \text{ cm}^4 \, .$$

Ein Vergleich mit den Ergebnissen des einzelligen Hohlkastens von Bild 66 zeigt, dass eine Unterteilung des Hohlquerschnitts von der Torsion her gesehen nicht zu merklich größeren Ergebnissen führt.

Schließlich wieder die Frage: Welche Belastung erzeugt in einem Stab ausschließlich den in diesem Abschnitt 2.5 dargestellten Spannungs- und Verformungszustand?

Antwort: Ein in den Endquerschnitten des Stabes angreifendes und in Ebenen senkrecht zur Stabachse wirkendes Momentenpaar.

Es muss in diesem Zusammenhang daran erinnert werden, dass bei Stäben mit nicht kreis- oder kreisringförmigem Querschnitt zusätzlich Verschiebungen von Querschnittspunkten in Richtung der Stabachse auftreten, die nicht behindert werden dürfen, wenn die o.a. Formeln allein die in einem Stabquerschnitt wirkenden Spannungen erschöpfend beschreiben sollen.

2.6 Spannungen infolge von Scherkräften

In den vorangegangenen Abschnitten haben wir für Schnittgrößen, die in Stabquerschnitten wirken bzw. übertragen werden, die zugehörige Spannungsverteilung angegeben. Bei der Berechnung dieser Spannungsverteilungen mussten wir verschiedene Annahmen machen. Insbesondere setzten wir voraus, dass der betrachtete

Querschnitt sich in einiger Entfernung von einer Lasteinleitungsstelle befindet und dass sich dieser Querschnitt nicht oder jedenfalls nicht sprunghaft ändert.

Dem Leser wird nun unmittelbar klar sein, dass der entwerfende Ingenieur auch an solchen Stellen eines Tragwerks, wo diese Voraussetzungen nicht gelten, Kenntnis von der Beanspruchung haben muss, um wirtschaftlich konstruieren und bestimmte Sicherheiten garantieren zu können. In diesem Zusammenhang sind zwei Gebiete zu nennen

1) Die Berechnung der Spannungen in Verbindungsmitteln und an Stellen konzentrierter Krafteinleitung.
2) Die Berechnung von Spannungen an Stellen mit einer sprunghaften Querschnittsveränderung.

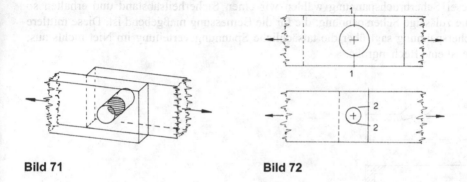

Bild 71   **Bild 72**

Wir wollen hier kurz den unter 1) genannten Fragenkreis erörtern und betrachten dazu etwa die in Bild 71 angedeutete Nietverbindung (Nietköpfe nicht dargestellt). Wie kann eine solche Nietverbindung zerstört werden? Im Wesentlichen auf vier verschiedene Arten:

1. Der Restquerschnitt des Stabes, also der um das Nietloch verringerte Normalquerschnitt, kann überbeansprucht werden und nachgeben. Bruch erfolgt dabei entlang der Linie 1 – 1 (Bild 72). Die Ursache hierfür: Der Stab wurde durch das Nietloch zu stark geschwächt.
2. Das Stabmaterial zwischen Nietloch und Stabende kann sozusagen herausgedrückt werden. Bruch erfolgt dabei entlang der Linie 2 – 2 (Bild 72).Die Ursache hierfür: Der Randabstand des Nietes (in Kraftrichtung gemessen) war zu gering.
3. Der Niet kann abscheren. Bruch (Materialtrennung) erfolgt in den Ebenen zwischen den einzelnen Stäben (Bild 71; schraffierte Fläche). Die Ursache hierfür: Die Querschnittsfläche des Nietes war zu klein.

4. Das Stabmaterial im gedrückten Bereich des Lochrandes kann plastifizieren, wodurch die Verbindung unbrauchbar wird. Die Ursache hierfür: Die „Auflagerfläche" des Nietes, i. A. die Dicke des Stabes, war zu gering.

Wir wenden uns hier dem in Punkt 3 erwähnten Versagen zu. Für das Abscheren des Nietes werden hauptsächlich Tangentialspannungen verantwortlich sein, deren Verteilung auf dem kleinen Nietquerschnitt uns natürlich völlig unbekannt ist. Es lohnt sich jedoch nicht, in die Ermittlung dieser Spannungsverteilung viel Fleiß und Mühe zu investieren, da die Forderung nach Wirtschaftlichkeit und Sicherheit viel einfacher erfüllt werden kann: Wir bestätigen experimentell, dass die Schertragkraft eines Nietes proportional der Scherfläche ist. Der Quotient $\dfrac{\text{Schertragkraft}}{\text{Scherfläche}}$ hat dann für alle Niete einen festen Wert, den wir als Scherbruchspannung definieren. Zu dieser Scherbruchspannung wählen wir einen Sicherheitsabstand und erhalten so eine zulässige Scherspannung, die für die Bemessung maßgebend ist. Diese mittlere Scherspannung sagt über die tatsächliche Spannungsverteilung im Niet nichts aus; sie ist eine Rechengröße.

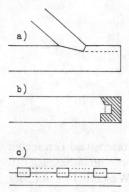

Bild 73
Scherflächen der
a) Versatz
b) Vorlochpfette
c) Dübeln

Ähnlich geht man vor, wenn etwa im Holzbau bei einem Versatz die Vorholzlänge bestimmt werden soll, siehe Bild 73. Auch hier wird mit einer Rechengröße, der über die Scherfläche gleichmäßig verteilten Scherkraft gerechnet: $\tau_S = \dfrac{S}{A}$. Diese mittlere Scherspannung sagt gleichfalls nichts aus über die in einem bestimmten Punkt der Scherfläche vorhandene Beanspruchung. Weitere Situationen, in denen mit solchen Rechengrößen gearbeitet wird, sind etwa im Holzbau Holzdübel bei verdübelten Balken und Vorlochpfetten, im Stahlbetonbau Verankerungslängen von Bewehrungsstäben im Beton. Vielleicht wird der eine oder der andere Leser fragen: Warum geht man bei der Bestimmung der zu einer Schnittgröße gehörenden Spannungsverteilung nicht ebenso vor? Die Antwort lautet: Anders als bei Verbindungsmitteln umfasst die Untersuchung von ganzen Tragwerken die Bestimmung des Spannungs- und Verformungszustandes. Eine korrekte Ermittlung des Verformungszustandes ist aber nur möglich in Verbindung mit einer genauen und wirklichkeitsnahen Ermittlung des Spannungszustandes.

Als Beispiel zeigen wir die Berechnung eines Versatzes. Der unter dem Winkel $\alpha = 30°$ schräg ankommende Stab eines Sprengwerks (Bild 74) gibt über einen Stirnversatz die Stabkraft D = – 30,0 kN an den Untergurt ab. Versatztiefe und Vorholzlänge sind zu bestimmen für den Fall, dass alle Stäbe b = 14 cm breit sind.

Lösung: Da in den Kontaktflächen A_1 und A_2 nur Normalspannungen (genauer: Druckspannungen) übertragen werden können, kann die ankommende Stabkraft D eindeutig in die Komponenten D_1 und D_2 zerlegt werden, sobald die Lage der Flächen A_1 und A_2 entschieden ist: D_1 muss senkrecht auf A_1 wirken und D_2 senkrecht auf A_2. Damit D_1 stets eine Druckkraft bleibt, hat man vereinbart $\beta = (180° - \alpha)/2$. Damit liegt die Neigung von A_1 fest. Die Neigung von A_1 ergibt sich, wenn die Versatztiefe t festgelegt wird. Wir schätzen t = 4 cm und überprüfen diesen Wert später. Nun liegen die Neigungen von A_1 und A_2 fest: Die Stabkraft D kann zerlegt werden. Das geschieht hier zeichnerisch und liefert D_1 = 7,5 kN und D2 = 28,5 kN (siehe Bild 74). Nun wird überprüft, ob die gewählte Tiefe t = 4 cm ausreichend ist: Die in der Fläche A_2 entstehenden Druckspannungen (wir sollten eigentlich sagen: Pressungen) dürfen den zulässigen Wert nicht überschreiten. Das ist hier der Fall. Die Länge des Vorholzes ergibt sich aus der Forderung, dass die Scherspannung in der Scherfläche A_S = b · l_V den zulässigen Wert von zul τ = 0,09 kN/cm^2 nicht überschreitet:

$$\text{erf } l_v = \frac{D_{2h}}{b \cdot \text{zul } \tau} = \frac{28,5 \cdot \cos 15°}{14 \cdot 0,09} = 21,8 \text{ cm } .$$

Gewählt wird l_v = 24 cm. Die in der Scherfläche wegen D_{2V} auftretenden kleinen Druckspannungen brauchen nicht nachgewiesen zu werden, auch nicht die in A_1 wegen D_1 auftretenden kleinen Druckspannungen.

Abschließend wieder die Frage: Gibt es Systeme, bei denen ein solcher homogener Schubspannungszustand – jedenfalls bereichsweise – auftritt? Ein solches System haben wir bereits kennengelernt: Das tordierte dünnwandige Rohr. Ein zweites System ist das in Bild 75 dargestellte Schubfeld: Ein rechteckiges Gelenkviereck aus starken Stäben, zwischen die ein dünnes Blech gespannt ist.

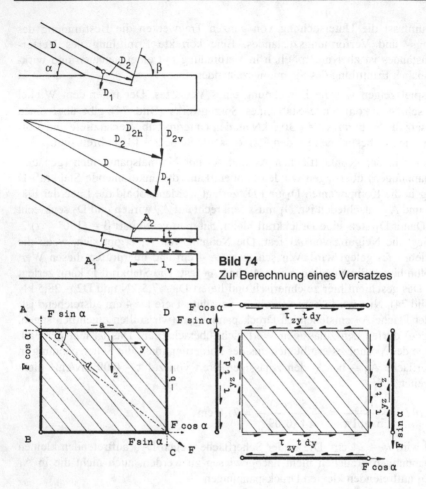

Bild 74
Zur Berechnung eines Versatzes

Bild 75 Homogener Schubspannungszustand im Schubfeld (Blechstärke t)

Wenn wir diesen Rahmen in Richtung der Diagonalen AC ziehen, so wird die in A angreifende Kraft von den Stäben AB und AD aufgenommen wie angegeben. Entsprechendes geschieht in Punkt C. Da alle Stäbe an den Punkten B und D spannungslos sein müssen, verlangt das Gleichgewicht eines jeden Stabes, dass zwischen ihm und dem Blechrand tangentiale Kräfte übertragen werden. Nehmen wir an, dass sich diese Kräfte gleichmäßig über die Länge der Stäbe verteilen, so ergeben sich

$$\tau_{yz} = \frac{F \cdot \sin\alpha}{b \cdot t} \quad \text{und} \quad \tau_{zy} = \frac{F \cdot \cos\alpha}{a \cdot t}$$

Mit $a / \cos\alpha = b / \sin\alpha = d$ erhält man $\tau_{yz} = \tau_{zy} = \tau$.

Legen wir nun einen lotrechten Schnitt durch das Blech und betrachten z.B. den linken Teil, so liefert die Gleichgewichtsbedingung, dass auch in diesem Schnitt dieselbe Spannung τ_{yz} auftritt. Ein waagerechter Schnitt zeigt ebenso, dass in jedem waagerechten Schnitt die Spannung τ_{zy} wirkt. Trennen wir durch zwei benachbarte lotrechte und zwei benachbarte waagerechte Schnitte ein Element aus dem Blechfeld heraus, so wirken an den Seiten dieses Elements die Spannungen τ_{yz} bzw. τ_{zy}. Wir haben also einen gleichförmigen Spannungszustand vor uns.

2.7 Schiefe Biegung und Biegung mit Längskraft

In den Abschnitten 2.3 bis 2.5 haben wir ermittelt, welche Spannungen und Verformungen zu den verschiedenen Schnittgrößen gehören. Wir haben dabei auch jedes Mal festgestellt, durch welche besondere Belastung eines Stabes die verschiedenen Schnittgrößen speziell geweckt werden. So führen z.B. Querlasten, die auf den Schubmittelpunkt gerichtet sind und in einer Hauptebene oder in einer Ebene parallel dazu wirken, zur sogenannten geraden Biegung,[44] während etwa mittige Längskräfte zu einer reinen Längenänderung des beanspruchten Stabes führen. Wir wollen in diesem Abschnitt untersuchen, was passiert, wenn

1) die Lastebene von Querlasten mit einer Hauptebene des beanspruchten Stabes einen von Null verschiedenen Winkel bildet,
2) eine Längskraft nicht mittig, sondern außerhalb der Schwerlinie wirkt.

Die unter 1) genannte Belastung kommt regelmäßig vor, z. B. bei der Berechnung von Dachpfetten, die unter 2) genannte Belastung u. a. bei der Untersuchung von Stützen. Für einen Stab mit Rechteckquerschnitt haben wir die zugehörigen Normalspannungen schon in Abschnitt 2.2 angegeben. Hier sollen sie für Stäbe mit beliebigem Querschnitt ermittelt werden.

2.7.1 Schiefe Biegung

Wir gehen aus von der Betrachtung einer Pfette, die auf dem geneigten Obergurt eines Dachbinders liegt und durch senkrecht wirkende Lasten beansprucht wird (Bild 76). Die Schnittgrößenberechnung liefert unabhängig von der Anordnung oder Form des Balkenquerschnitts ein Biegemoment M und eine Querkraft V. Dieses Biegemoment dreht um eine Achse, die senkrecht auf der Lastebene steht; die Querkraft wirkt in der Lastebene. Wir legen fest die Querschnittsform des Balkens und dessen Orientierung: Der Querschnitt soll rechteckig sein, wobei die Seiten parallel

---

[44] Dabei krümmt sich der Balken in der Lastebene.

bzw. senkrecht zum Obergurt des Dachbinders verlaufen. Damit liegen die Richtungen der Schwerpunktshauptachsen fest. Da wir für Schnittgrößen in Richtung dieser Schwerpunktshauptachsen (und nur für solche) die zugehörige Spannungsverteilung kennen, zerlegen wir die Schnittgrößen M und V in Komponenten in Richtung dieser Hauptachsen (Bild 77). Es ergeben sich die Größen

$M_y = M \cdot \cos \alpha$ und $M_z = M \cdot \sin \alpha$, sowie $V_y = - V \cdot \sin \alpha$ und $V_z = V \cdot \cos \alpha$.

Mit V_y und V_z werden die entsprechenden Schubspannungen errechnet, die zu resultierenden Schubspannungen zusammengesetzt werden können. Wir zeigen das hier nicht. Mit M_y und M_z ergibt sich die Normalspannung

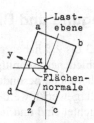

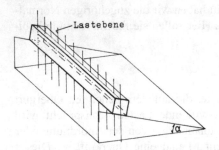

Bild 76 Zur schiefen Biegung

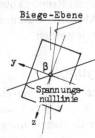

Bild 77

$$\sigma_x = \frac{M_y}{I_y} \cdot z - \frac{M_z}{I_z} \cdot y = f(y,z)$$

Im Hinblick auf das Ziel unserer Bemühungen, den beanspruchten Balken zu bemessen, also die Abmessungen des Querschnitts zu bestimmen, sind wir versucht, anzuschreiben

$$|\max \sigma| = \left|\frac{M_y}{W_y}\right| + \left|\frac{M_z}{W_z}\right|.$$

Zweifel an der generellen Zulässigkeit dieses Schrittes führen zu der Frage: Gibt es eine solche Spannung im Querschnitt und wenn ja, in welchem Querschnittspunkt? Auf diese Frage gibt es zunächst eine allgemeine Antwort: Die größte Spannung in einem Balkenquerschnitt tritt auf in dem am weitesten von der Spannungsnulllinie entfernten Querschnittspunkt. Zur Konkretisierung dieser Antwort ist also die Kenntnis der Lage der Spannungsnulllinie nötig. Sie ergibt sich definitionsgemäß aus

$$0 = \frac{M_y}{I_y} \cdot z - \frac{M_z}{I_z} \cdot y \qquad z = \frac{M_z \cdot I_y}{M_y \cdot I_z} \cdot y.$$

Mit $\dfrac{M_z}{M_y} = \tan \alpha$ erhält man $\quad z = \tan \alpha \cdot \dfrac{I_y}{I_z} \cdot y = \tan \beta \cdot y$

Dies ist die Gleichung der Spannungsnulllinie, welche also stets durch den Schwerpunkt des Querschnitts geht. Der Richtungsfaktor der Gleichung ist m = tan β = $\dfrac{\tan \alpha}{I_z} \cdot I_y$. Der Winkel β, den die Spannungsnulllinie mit der positiven y-Achse bildet, ist also i.A. nicht mehr gleich dem Winkel α, den die Normale der Lastebene mit der y-Achse bildet: Die Spannungs- Nulllinie steht bei der zweiachsigen Biegung i.A. nicht senkrecht auf der Lastebene. Sonderfälle sind Querschnitte mit $I_y/I_z = 1 \rightarrow I_y = I_z$: Bei solchen Querschnitten steht die Spannungsnulllinie stets senkrecht auf der Lastebene. Zu diesen Querschnitten gehören Kreis [45] und Quadrat.

Nachdem wir nun die Lage der Spannungsnulllinie kennen, können wir auch den Punkt mit der größten Normalspannung im Querschnitt und damit diese selbst angeben. Wie oben schon gesagt, tritt die größte Normalspannung auf in dem am weitesten von der Spannungsnulllinie entfernten Querschnittspunkt, in unserem Fall eines Rechteckquerschnitts also (unabhängig von der Lage der Lastebene und den Querschnittsverhältnissen in zwei gegenüberliegenden Eckpunkten. Bei Rechteckquerschnitten, allgemein bei Querschnitten mit Rechteckumhüllung kann deshalb die Formel

---

[45] Da beim Kreis jede Schwerpunktachse eine Hauptachse ist, tritt das Problem „schiefe Biegung" bei einem Stab mit Kreisquerschnitt oder Kreisringquerschnitt nicht auf.

$$|\max \sigma| = \left|\frac{M_y}{W_y}\right| + \left|\frac{M_z}{W_z}\right| \le \text{zul } \sigma$$

tatsächlich als Bemessungsformel benutzt werden. Bei anderen Querschnitten allerdings kann so nicht verfahren werden. Hier müssen die Koordinaten des am weitesten von der Spannungsnulllinie entfernten Punktes P_w in die Gleichung

$$\sigma_x = \frac{M_y}{I_y} \cdot z_w - \frac{M_z}{I_z} \cdot y_w \le \text{zul } \sigma \ .$$

eingesetzt und diese ausgewertet werden. Damit ist die Bemessungsfrage gelöst. Unabhängig davon, ob ein Rechteckquerschnitt oder ein anders geformter Querschnitt vorliegt, kann bei Doppelbiegung eine Bemessungsformel der Form erf W = ... natürlich nicht angegeben werden. Die Bemessung läuft hier stets darauf hinaus, dass man Querschnittsabmessungen schätzt und dann prüft, ob die größte vorhandene Spannung nicht größer als die zulässige Spannung ist.

Zu fragen wäre noch, wie der Verformungszustand aussieht. Abgesehen davon, dass die zu M_y und M_z gehörenden Krümmungen selbstverständlich unabhängig voneinander einzeln berechnet werden können, stellen wir allgemein fest: Da die Spannungsnulllinie, die bekanntlich senkrecht auf der Biegeebene steht, bei der zweiachsigen Biegung i.A. nicht senkrecht auf der Lastebene steht, fallen Biegeebene und Lastebene (Biegemomenten – Ebene) i.A. nicht zusammen. Anders ausgedrückt: Bildet die Lastebene mit einer Hauptebene des beanspruchten Stabes einen von Null verschiedenen Winkel α, dann bildet die zugehörige Biege – Ebene mit dieser Hauptebene i.A. einen von Null verschiedenen Winkel β ($\beta \ne \alpha$). Daher auch der Name „schiefe Biegung".

Hierzu ein Zahlenbeispiel:

Die in Bild 76 dargestellte Holzpfette habe eine Spannweite von l = 4,00 m und sei durch q_v = 6 kN/m beansprucht. Sie sei um α = 20° gegen die Horizontale geneigt. Im Rahmen der Bemessung mit zul σ = 1,0 kN/cm² sollen die Spannungen in den vier Querschnittsecken ermittelt und die Lage der Biegeebene angegeben werden (Bild 77).

Lösung:

1) Schnittgrößen:

$$\max M = 6 \cdot 4{,}00^2 / 8 = 12 \text{ kNm}$$

$$M_y = 12 \cdot \cos 20° = 11{,}3 \text{ kNm} \qquad M_z = 12 \cdot \sin 20° = 4{,}1 \text{ kNm}$$

2) Spannungsnachweis: Nach Schätzung wird ein Kantholz $\dfrac{18}{24}$ gewählt:

$W_y = 1\,728$ cm^2; $\qquad\qquad\qquad\qquad$ $I_y = 20\,736$ cm^4;

$W_z = 1\,296$ cm^2; $\qquad\qquad\qquad\qquad$ $I_z = 11\,664$ cm^4.

Die größte im untersuchten Querschnitt vorhandene Spannung beträgt

$$|\max \sigma| = \left|\frac{M_y}{W_y}\right| + \left|\frac{M_z}{W_z}\right| = \left|\frac{1130}{1728}\right| + \left|\frac{410}{1296}\right| = 0{,}654 + 0{,}316 = 0{,}970 \ \frac{kN}{cm^2} < \text{zul } \sigma$$

In den vier Eckpunkten beträgt die Spannung

$$\sigma_a = +\frac{M_y}{W_{y0}} - \frac{M_z}{W_{zl}} = +\frac{1130}{-1728} - \frac{410}{1296} = -0{,}97 \ kN/cm^2$$

$$\sigma_b = +\frac{M_y}{W_{y0}} - \frac{M_z}{W_{zr}} = +\frac{1130}{-1728} - \frac{410}{-1296} = -0{,}38 \ kN/cm^2$$

$$\sigma_c = +\frac{M_y}{W_{yu}} - \frac{M_z}{W_r} = +\frac{1130}{1728} - \frac{410}{-1296} = +0{,}97 \ kN/cm^2$$

$$\sigma_d = +\frac{M_y}{W_{yu}} - \frac{M_z}{W_{zl}} = +\frac{1130}{1728} - \frac{410}{1296} = +0{,}38 \ kN/cm^2$$

Die Spannungsnulllinie hat die Gleichung

$$z = \tan\alpha \cdot \frac{I_y}{I_z} \cdot y = 0{,}364 \cdot \frac{20736}{11664} \cdot y = 0{,}647 \cdot y.$$

Also ist

$$\tan\beta = 0{,}647 \quad \rightarrow \quad \beta = 32{,}9°.$$

der Winkel zwischen Lastebene und Biegeebene beträgt also

$$\gamma = 90° - 20° + 32{,}9° = 102{,}9°.$$

Wir erwähnen in diesem Zusammenhang, dass man sich bei der Berechnung der Normalspannungen nicht unbedingt auf Schwerpunktshauptachsen zu beziehen braucht: Man kann auch mit beliebigen orthogonalen Achsen arbeiten. Wir bezeichnen sie als $\overline{y}$- und $\overline{z}$-Achse und zeigen hier die Herleitung der entsprechenden Beziehung (Bild 78). Da die ebene Verteilung der Normalspannungen unabhängig ist von der Wahl des Bezugssystems, gilt

$$\sigma = m \cdot \overline{y} + n \cdot \overline{z} + \sigma_0.$$

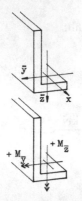

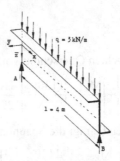

Bild 78 Rechnen mit beliebigen Schwerpunktsachsen

Bild 79 Zu Verwendung beliebiger Schwerpunktsachsen

Die Äquivalenzbedingungen lauten dann:

1) $\int\limits_{(A)} \sigma \cdot dA = \int\limits_{(A)} (m \cdot \overline{y} + n \cdot \overline{z} + \sigma_0) dA = N$

2) $\int\limits_{(A)} \sigma \cdot \overline{z} \cdot dA = \int\limits_{(A)} (m \cdot \overline{y} + n \cdot \overline{z} + \sigma_0) \cdot \overline{z} \cdot dA = M_{\overline{y}}$

3) $\int\limits_{(A)} \sigma \cdot \overline{y} \cdot dA = \int\limits_{(A)} (m \cdot \overline{y} + n \cdot \overline{z} + \sigma_0) \cdot \overline{y} \cdot dA = -M_{\overline{z}}$

Sie stellen die Bestimmungsgleichungen für die drei Unbekannten m, n und σ_0 dar:

$$m \cdot \int\limits_{(A)} \overline{y} \cdot dA + n \cdot \int\limits_{(A)} \overline{z} \cdot dA + \sigma_0 \cdot \int\limits_{(A)} dA = N$$

$$m \cdot \int\limits_{(A)} \overline{y} \cdot \overline{z} \cdot dA + n \cdot \int\limits_{(A)} \overline{z}^2 \cdot dA + \sigma_0 \cdot \int\limits_{(A)} \overline{z} \cdot dA = M_{\overline{y}}$$

$$m \cdot \int\limits_{(A)} \overline{y}^2 \cdot dA + n \cdot \int\limits_{(A)} \overline{z} \cdot \overline{y} \cdot dA + \sigma_0 \cdot \int\limits_{(A)} \overline{y} \cdot dA = -M_{\overline{z}}$$

Wir wollen uns nun auf Schwerpunktsachsen mit den Bezeichnungen y und z beschränken, dann gilt

$$S_y = \int\limits_{(A)} z \cdot dA = 0 \quad \text{und} \quad S_z = \int\limits_{(A)} y \cdot dA = 0$$

Die noch verbleibenden Integrale sind Flächenmomente 2.Grades bzw. die Fläche. Damit ergibt sich das Gleichungssystem

$$\sigma_0 \cdot A = N$$

$$m \cdot I_{yz} + n \cdot I_y = M_y$$

$$m \cdot I_z + n \cdot I_{y\overline{z}} = -M_z$$

Dieses Gleichungssystem hat die Lösung

$$m = \frac{M_y \cdot I_{yz}}{(I_{yz}^2 - I_y \cdot I_z)} + \frac{M_z \cdot I_y}{(I_{yz}^2 - I_y \cdot I_z)}$$

$$n = -\frac{M_y \cdot I_z}{(I_{yz}^2 - I_y \cdot I_z)} - \frac{M_z \cdot I_{yz}}{(I_{yz}^2 - I_y \cdot I_z)}$$

$$\sigma_0 = \frac{N}{A}$$

Verarbeitung dieser Ausdrücke in der Beziehung $\sigma = m \cdot y + n \cdot z + \sigma_0$ liefert die gesuchte Formel

$$\sigma(y,z) = \frac{(I_{yz} \cdot y - I_z \cdot z) \cdot M_y}{(I_{yz}^2 - I_y \cdot I_z)} + \frac{(I_y \cdot y - I_{yz} \cdot z) \cdot M_z}{(I_{yz}^2 - I_y \cdot I_z)} + \frac{N}{A}$$

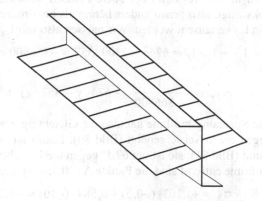

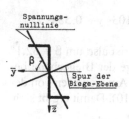

Bild 80 Spannungs-Nulllinie

Bild 81 Lage der Biege-Ebene bei senkrechter Belastung

In dieser für beliebige Schwerpunktsachsen gültigen Formel ist natürlich der Sonderfall enthalten, dass die y- und z-Achse Schwerpunktshauptachsen sind. Dann nämlich gilt $I_{yz} = 0$, womit die o. a. Formel in die uns altbekannte Form

$$\sigma(y,z) = \frac{M_y}{I_y} \cdot z - \frac{M_z}{I_z} \cdot y + \frac{N}{A} \quad \text{übergeht.}$$

Wir zeigen die Anwendung der oben abgeleiteten Formel an einem kleinen Beispiel, und zwar wollen wir den in Bild 79 dargestellten Stahlträger (S235) in Form eines Z-Profils bemessen.

Lösung:

1) In Bezug auf das eingezeichnete Koordinatensystem ergibt sich unmittelbar

$$M_y = 6 \text{ kNm} = 600 \text{ kNcm} \qquad M_z = 0 \,.$$

2) Bemessung bzw. Spannungsnachweis. Aufgrund des Ergebnisses einer (hier nicht gezeigten) Überschlagsrechnung schätzen wir ein Z-200 als ausreichend. Einer Profil – Tafel entnehmen wir die Werte

$$I_y = 2300 \text{ cm}^4 \,,$$

$$I_z = 357 \text{ cm}^4 \text{ und}$$

$$I_{yz} = 674 \text{ cm}^4 \,.$$

Weil in der Profiltafel der obere Flansch nach rechts und der untere Flansch nach links zeigt, also genau anders herum als bei unserem Beispiel, muss das Vorzeichen von I_{yz} vertauscht werden. Wir müssen also mit $I_{yz} = -674 \text{ cm}^4$ rechnen!

Mit $I_{yz}^2 - I_y \cdot I_z = 674^2 - 2300 \cdot 357 = -366800 \text{ cm}^8$ ergibt sich

$$\sigma(y,z) = \frac{1}{-366800} \cdot (-674 \cdot y - 357 \cdot z) \cdot 6 \cdot 100 = +1{,}103 \cdot y + 0{,}584 \cdot z \,.$$

Die Spannungsnulllinie hat also die Gleichung $z = -1{,}888 \cdot y$, ist also um $\beta = 62{,}1°$ gegen die y-Achse geneigt (Bild 80). Damit ist auch die Lage der Biegeebene bekannt (Bild 81); sie ist um $62{,}1°$ gegen die Lastebene geneigt. Am weitesten von der Nulllinie entfernt sind die Punkte A $(-0{,}5; -10)$ und B $(+0{,}5; +10)$. Damit ergibt sich

$$\sigma_A = +1{,}103 \cdot (-0{,}5) + 0{,}584 \cdot (-10) = -6{,}39 \text{ kN / cm}^2 \quad \text{und}$$

$$\sigma_B = +1{,}103 \cdot 0{,}5 + 0{,}584 \cdot 10 = +6{,}39 \text{ kN / cm}^2 \,.$$

Wir brauchen nicht zu erwähnen, dass sich die gleichen Spannungen und die gleiche Lage der Nulllinie (nicht der gleiche arithmetische Ausdruck) ergeben, wenn man sich bei der Berechnung auf Schwerpunktshauptachsen bezieht.

Zahlenbeispiel. Ein 8 m hoher, unten eingespannter Mast erhält an der Spitze die in der Abbildung angegebenen Belastungen. Für den dargestellten Querschnitt mit $I_y = 23350$ cm^4 und $I_z = 11070$ cm^4 sind die Eckspannungen zu ermitteln.

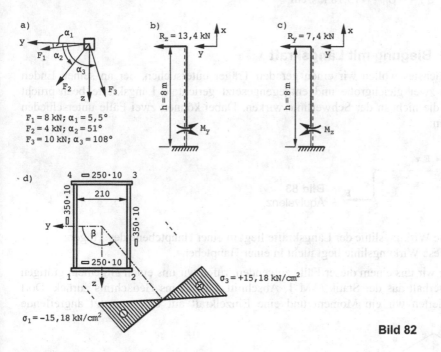

Bild 82

Komponenten der Resultierenden:

$$R_y = \Sigma F_i \cdot \cos \alpha_i = 8 \cdot \cos 5,5° + 4 \cdot \cos 51° + 10 \cdot \cos 108° = 7,4 \text{ kN}$$

$$R_z = \Sigma F_i \cdot \sin \alpha_i = 8 \cdot \sin 5,5° + 4 \cdot \sin 51° + 10 \cdot \sin 108° = 13,4 \text{ kN}$$

Biegemomente an der Einspannstelle:

z, x - Ebene: $\qquad\qquad M_y = -R_z \cdot h = -13,4 \cdot 8,00 = -107,2 \text{ kNm}$

y, x - Ebene: $\qquad\qquad M_z = +R_y \cdot h = +7,4 \cdot 8,00 = +59,2 \text{ kNm}$

Damit ergibt sich die Neigung der Spannungsnulllinie zu:

$$\tan \beta = \frac{59,2}{-107,2} \cdot \frac{23350}{11070} = -1,165 \quad ; \qquad\qquad \beta = 130,6°$$

Unschwer ist zu erkennen, dass die größten Spannungen in den Eckpunkten 1 und 3 auftreten. Diese Eckspannungen sind

$$\sigma_1 = \frac{-107,2 \cdot 100}{23350} \cdot 18,5 - \frac{59,2 \cdot 100}{11070} \cdot 12,5 = -15,18 \ \text{kN/cm}^2$$

$$\sigma_3 = -\sigma_1 = +15,18 \ \text{kN/cm}^2$$

2.7.2 Biegung mit Längskraft

Als nächstes wollen wir einen geraden Träger untersuchen, der an seinen Enden durch zwei gleichgroße und entgegengesetzt gerichtete Längskräfte beansprucht wird, die nicht in der Schwerlinie wirken. Dabei können zwei Fälle unterschieden werden:

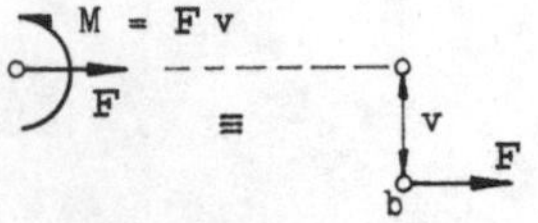

Bild 83
Äquivalenz

1) Die Wirkungslinie der Längskräfte liegt in einer Hauptebene des Trägers
2) Diese Wirkungslinie liegt nicht in einer Hauptebene.

Bevor wir uns einem dieser Fälle zuwenden, rufen wir uns einen allgemein gültigen Sachverhalt aus der Statik (TM 1, Abschnitt 1.3.1.2) ins Gedächtnis zurück. Dort reduzierten wir ein Moment und eine Einzelkraft auf eine versetzt angreifende

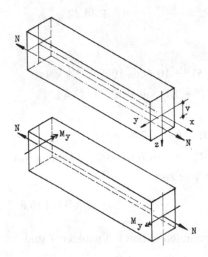

Bild 84 Zur einachsigen Ausmittigkeit

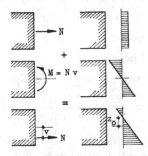

Bild 85 Lage der Sp.-Nulllinie

Einzelkraft. Natürlich ist dieser Vorgang reversibel (umkehrbar): Man kann also eine in Punkt b (Bild 83) angreifende Einzelkraft F um den Betrag v parallel zu ihrer Wirkungslinie verschieben, wenn man gleichzeitig das (Versetzungs-)Moment M = F · v hinzufügt.

Wir wenden uns nun dem oben unter 1) aufgeführten Fall zu und betrachten etwa das in Bild 84 dargestellte System. Indem wir wie soeben dargestellt die beiden Längskräfte parallel zu ihrer Wirkungslinie in die Stabachse verschieben und das entsprechende Versetzungsmoment M = F · v hinzufügen, führen wir diesen Lastfall auf zwei bekannte Lastfälle zurück; nämlich auf die in Abschnitt 2.3.1 und 2.3.2 behandelten Fälle. Dementsprechend wirken in allen Stabquerschnitten die Schnittgrößen N = F und M_y = N · v. Für die zugehörige Spannungsverteilung gilt also

$$\sigma_x = \frac{N}{A} + \frac{M_y}{I_y} \cdot z = \frac{N}{A} + \frac{N \cdot v}{I_y} \cdot z =$$

$$= \frac{N}{A} \cdot \left[1 + \frac{v \cdot z}{I_y / A} \right] = \frac{N}{A} \cdot \left[1 + \frac{v \cdot z}{i_y^2} \right]$$

Wir haben dabei für den Quotienten I_y/A (dessen Dimension Länge^2 ist) das Symbol i_y^2 eingeführt. Die entsprechende Größe $i_y = \sqrt{I_y/A}$ nennt man Trägheitsradius. Um den hier untersuchten Träger bemessen zu können, braucht man die größte im Querschnitt wirkende Spannung. Sie tritt auf (wie immer) in dem am weitesten von der Spannungsnulllinie entfernten Punkt. Deshalb die Frage: Wo liegt die Spannungsnulllinie? Die Bestimmungsgleichung

$$0 = \frac{N}{A} \cdot \left[1 + \frac{v \cdot z_0}{i_y^2} \right] \quad \text{liefert unmittelbar, da } N \neq 0 \text{, die Beziehung}$$

$$z_0 = -i_y^2 / v.$$

Wir sehen, dass die Spannungsnulllinie senkrecht auf der Lastebene steht (also Biegeebene = Lastebene) und dass ihre Lage nicht von der Größe von N sondern nur von der Größe von v abhängt. Ihr Abstand z_0 von der y-Achse ist dem Wert v umgekehrt proportional. Das Vorzeichen von z_0 ist von demjenigen von v grundsätzlich verschieden, da i_y^2 stets positiv ist: Spannungsnulllinie und Lastangriffspunkt liegen, also nie auf derselben Querschnittsseite, vom Schwerpunkt bzw. hier von der y-Achse aus gesehen (Bild 85). Bei einem zur y-Achse symmetrischen Querschnitt bedeutet das, dass der höchstbeanspruchte Querschnittspunkt auf derjenigen Seite liegt, auf der auch die Längskraft wirkt. Bei einem zur y-Achse unsymmetrischen Querschnitt kann man das nicht allgemein sagen. Hier muss entweder tatsächlich die Lage der Spannungsnulllinie zahlenmäßig ausgerechnet werden, oder man rechnet beide Randspannungen aus und findet so die für die Bemessung maßgebende. Diese beiden Randspannungen ergeben sich mit den entsprechenden Randabständen e_o und e_u in der Form

$$\sigma_{xo} = \frac{N}{A} + \frac{M_y}{I_y} \cdot e_o = \frac{N}{A} + \frac{M_y}{W_{yo}} = \frac{N}{A} \cdot \left[1 + \frac{A}{W_{yo}} \cdot v \right]$$

$$\sigma_{xu} = \frac{N}{A} + \frac{M_y}{I_y} \cdot e_u = \frac{N}{A} + \frac{M_y}{W_{yu}} = \frac{N}{A} \cdot \left[1 + \frac{A}{W_{yu}} \cdot v \right]$$

Die obigen Randabstände müssen mit ihren Vorzeichen eingesetzt werden! Damit ist die Frage der Bemessung geklärt. Eine „direkte Bemessung" in der Form erf W_y = ... oder erf A= ... gibt es hier ebenso wie bei der Doppelbiegung nicht. Man wählt einen passend erscheinenden Querschnitt und weist für ihn nach, dass die zulässigen Spannungen nirgends überschritten werden („Spannungsnachweis").

Dazu ein kleines Zahlenbeispiel.

Ein Stab (S235) in Form eines U 200 werde wie in Bild 86 angedeutet durch eine Längskraft F_x beansprucht. Wo liegt die Spannungsnulllinie und wie groß darf die Längskraft höchstens sein für zul σ = 16 kN/cm²?

Lösung:

vorh A = 32,2 cm², vorh I_z = 148 cm⁴, vorh i_z = 2,14 cm mit e_z = 2,01 cm ergibt sich

$$W_{zl} = \frac{I_z}{e_z} = \frac{148}{2,01} = +73,6 \text{ cm}^3; \ W_{zr} = \frac{I_z}{-(b-e_z)} = \frac{148}{-7,5+2,01} = -27,0 \text{ cm}^3$$

Die Ausmitte der Längskraft beträgt u = $e_z - \frac{s}{2} = 1,585$ cm . Damit ergibt sich für die Lage der Spannungsnulllinie der Wert

$$y_0 = -\frac{i_z^2}{u} = \frac{-2,14^2}{1,585} = -2,89 \text{ cm} .$$

Er ist, wie wir wissen, unabhängig von der Größe der Längskraft. Die größte Spannung, tritt wie erwartet, am linken Querschnittsrand auf. Das liefert die Bestimmungsgleichung für zul N:

$$\text{zul } \sigma = \frac{\text{zul N}}{A} \cdot \left(1 + \frac{A \cdot u}{W_{zl}} \right) \quad \text{in unserem Fall}$$

$$16,0 = \frac{\text{zul N}}{32,2} \cdot \left(1 + \frac{32,2 \cdot 1,585}{73,6} \right) = \frac{\text{zul N}}{32,2} \cdot 1,69 .$$

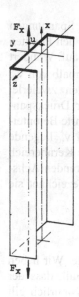

Bild 86

Daraus ergibt sich $\text{zul } N = \dfrac{16,0 \cdot 32,2}{1,69} = 305 \text{ kN}$.

Man sieht übrigens, dass die Zahl 1,69 – also der Wert des Klammerausdrucks – angibt, um wie viel die Tragkraft des Profils durch Ausmittigkeit abnimmt (gegenüber einer mittigen Belastung). Der Quotient A/W stellt als Faktor von u sozusagen die Empfindlichkeit des Querschnitts gegenüber Ausmittigkeit dar. Uns interessiert nun aber noch folgendes. Wir wollen sehen, wie sich die Spannungsverteilung, die (für einen bestimmten Querschnitt) eine Funktion von N und v ist, ändert, wenn wir

1) v konstant halten und N ändern,
2) N konstant halten und v ändern.

Eine Änderung von N (bei konstantem v) bedeutet, da die Lage der Spannungsnulllinie von N unabhängig ist, eine Drehung der Spannungsebene um die Spannungsnulllinie. Eine Änderung von v (bei konstantem N) bedeutet, da die Spannung im Schwerpunkt (bzw. in den Fasern entlang der y-Achse) $\sigma_x(0) = \dfrac{N}{A}$ unabhängig von v ist, eine Drehung der Spannungsebene um diese „Schwerpunktsspannung". Dabei werden i.A. drei Zustände durchlaufen:

a) die beiden Randspannungen haben verschiedene Vorzeichen
b) eine der beiden Randspannungen hat den Wert Null
c) die beiden Randspannungen haben gleiches Vorzeichen.

Bei welchem Wert von v geht Zustand a) in Zustand c) über, wann also tritt Zustand b) ein? Nun, es gibt freilich zwei Werte von v, bei denen dieses eintritt: Einen, bei dem die Spannungen am oberen Rand verschwinden und einen, bei dem die Spannungen am unteren Rand verschwinden. Wir wollen sie zunächst v_o und v_u nennen und bestimmen sie aus den Gleichungen

$$\sigma_{xo} = 0 = \frac{N}{A} \cdot \left[1 + \frac{A}{W_{yo}} \cdot v_o \right] \rightarrow v_o = -\frac{W_{yo}}{A}$$

$$\sigma_{xu} = 0 = \frac{N}{A} \cdot \left[1 + \frac{A}{W_{yu}} \cdot v_u \right] \rightarrow v_u = -\frac{W_{yu}}{A}$$

Durch diese Punkte werden auf der z-Achse drei Abschnitte gebildet:

1) der Abschnitt unterhalb von v_o
2) der Abschnitt zwischen v_u und v_o
3) der Abschnitt oberhalb von v_u.

Solange die Längskraft unterhalb von v_o wirkt, treten im Querschnitt Spannungen zweierlei Vorzeichens auf. Wirkt die Längskraft im Bereich zwischen den Punkten v_o und v_u, so treten im Querschnitt nur Spannungen eines Vorzeichens auf. Wandert

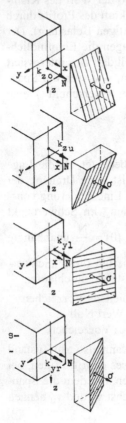

die Längskraft schließlich in den Bereich oberhalb von v_u, so treten im Querschnitt wieder Spannungen zweierlei Vorzeichens auf. Bei Bauteilen, die z.B. nur Druckspannungen aufnehmen können, wie etwa unbewehrte Betonteile oder Mauerwerk, ist der zwischen v_o und v_u liegende Bereich besonders aktuell. Er wird deshalb als Kernbereich bezeichnet. Man nennt die zu v_o und v_u gehörenden Achsabschnitte entsprechend Kernweiten[46] und bezeichnet sie mit k_{zo} und k_{zu}.[47]

$$k_{zo} = -\frac{W_{yo}}{A}, \qquad k_{zu} = -\frac{W_{yu}}{A}.$$

Die entsprechenden Punkte heißen Kernpunkte. Wir haben unsere Untersuchung durchgeführt für den Fall, dass der Angriffspunkt von N auf der z-Achse liegt. Natürlich gilt entsprechendes, wenn er auf der y-Achse liegt. Mit den Widerstandsmomenten W_{zl} und W_{zr} ergibt sich dann[48]

$$k_{yl} = -\frac{W_{zl}}{A}, \qquad k_{yr} = -\frac{W_{zr}}{A}.$$

In beiden Fällen haben wir es mit einachsiger Ausmittigkeit zu tun (Bild 87). Als Beispiel berechnen wir die vier Kernpunkte des zuvor untersuchten U 200 (Bild 88). Mit

$$W_{zl} = 73{,}6 \text{ cm}^3, \qquad W_{zr} = -27{,}0 \text{ cm}^3$$
$$W_{yu} = +191{,}0 \text{ cm}^3, \qquad W_{yo} = -191{,}0 \text{ cm}^3$$

Bild 87
Kernweiten

ergibt sich

---

[46] Wie man sieht, sagen sie über die hier betonte Bedeutung hinaus allgemein etwas aus über den Wirkungsgrad eines Querschnitts.

[47] Ein Wort zur Systematik der Bezeichnungsweise: Ein tiefgestelltes z bedeutet i.A. „in Bezug auf die z-Achse". Dementsprechend wird k_z (ebenso wie etwa i_z) auf der z-Achse abgetragen.

[48] Das in allen 4 Formeln auftretende negative Vorzeichen ist mathematisch das Zeichen dafür, dass der zu einem Querschnittsrand gehörende Kernpunkt stets auf der diesem Rand gegenüber liegenden Seite liegt.

$$k_{yl} = -\frac{73,6}{32,2} = -2,29 \text{ cm}$$

$$k_{yr} = -\frac{-27,0}{32,2} = +0,84 \text{ cm}$$

$$k_{zu} = -\frac{+191}{32,2} = -5,93 \text{ cm}$$

$$k_{zo} = -\frac{-191}{32,2} = +5,93 \text{ cm}$$

Wir wenden uns nun der oben unter 2) aufgeführten zweiachsigen Ausmittigkeit zu, also der Beanspruchung durch eine Längskraft, die nicht mehr auf einer der beiden Schwerpunktshauptachsen liegt (Bild 89).Wenn wir die Koordinaten des Lastangriffspunktes mit u und v bezeichnen, ergibt sich die äquivalente Lastgruppe unmittelbar zu

$$N, \quad M_y = N \cdot v \quad \text{und} \quad M_z = -N \cdot u.$$

Durch Überlagerung der zu diesen drei Schnittgrößen gehörenden Spannungsverteilungen erhalten wir

$$\sigma_x(y,z) = \frac{N}{A} + \frac{M_y}{I_y} \cdot z - \frac{M_z}{I_z} \cdot y = \frac{N}{A} \cdot \left[1 + \frac{v \cdot z}{i_y^2} + \frac{u \cdot y}{i_z^2} \right]$$

Bild 88

Diese Gleichung beschreibt (für einen gegebenen Querschnitt) die Spannungsebene im σ-y-z-Raum. Wie vorher erhalten wir die Gleichung der Spannungsnulllinie in der Form

$$0 = \frac{N}{A} \cdot \left[1 + \frac{v \cdot z}{i_y^2} + \frac{u \cdot y}{i_z^2} \right] \quad \text{oder, da} \quad N \neq 0, \quad z = -\frac{i_y^2 \cdot u}{i_z^2 \cdot v} \cdot y - \frac{i_y^2}{v}.$$

Dies ist die Gleichung einer Geraden, $z = m \cdot y + b$. Sie geht nicht durch den Schwerpunkt ($i_y^2 / v = 0$ ist nur für $v = \infty$ möglich) und steht nur für $i_y = i_z$ senkrecht auf der Lastebene (als Lastebene bezeichnen wir die durch Stabachse und

Wirkungslinie der Längskraft gebildete Ebene). Sie schneidet die z-Achse im Punkt $z_0 = -i_y^2/v$ und die y-Achse im Punkt $y_0 = -i_z^2/u$. Nachdem wir die Lage der Spannungsnulllinie kennen, kann auch der am weitesten von ihr entfernt liegende Querschnittspunkt und damit die (betragsmäßig) größte im Querschnitt auftretende Normalspannung bestimmt werden. Wie schon in Abschnitt 2.7.1 erwähnt, liefert die Gleichung

$$\sigma = \frac{N}{A} + \frac{M_y}{W_y} + \frac{M_z}{W_z}$$

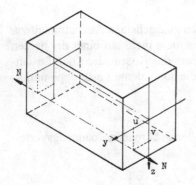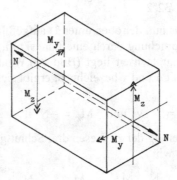

Bild 89 Zweiachsige Ausmittigkeit

nur für Querschnitte mit Rechteckumhüllung brauchbare Werte. Eine Formel wie erf $W_y =...$, erf $W_z =...$ oder erf $A = ...$ gibt es auch hier nicht; wie zuvor geschildert, muss auch hier ein ausreichend erscheinender Querschnitt gewählt und dann der Spannungsnachweis geführt werden. Als letztes interessiert auch hier wieder die Frage, in welchem Querschnittsteil die Last angreifen darf, wenn nur Spannungen eines Vorzeichens auftreten sollen, oder genauer: Wo die Last angreifen muss, damit die Spannungsnulllinie den Querschnitt gerade tangiert. Wir beantworten diese Frage für den Rechteckquerschnitt und verallgemeinern dann. Wenn die Spannungsnulllinie den Querschnitt in der oberen rechten Ecke berührt, gilt

$$0 = \frac{N}{A} \cdot \left[1 + \frac{v \cdot (-h/2)}{i_y^2} + \frac{u \cdot (-b/2)}{i_z^2} \right]$$

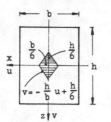

Bild 90
Kern

oder, wenn man $i_y^2 = I_y/A = h^2/12$ und entsprechend $i_z^2 = b^2/12$ einführt und nach v auflöst

$$v = -\frac{h}{b} \cdot u + \frac{h}{6}.$$

Dies ist die Gleichung einer Geraden in der u-v-Ebene (Bild 90). Auf dieser Geraden liegen im ersten Quadranten alle Angriffspunkte von N, für die die Spannungsnulllinie durch den diagonal gegenüberliegenden Eckpunkt geht.

Während die Längskraft im ersten Quadranten auf dieser Geraden wandert, dreht sich die Nulllinie um den Eckpunkt im dritten Quadranten. Die Gerade schneidet die z-Achse (u = 0) im Kernpunkt $k_z = + h/6$. Greift die Last in diesen Punkten an (einachsige Ausmittigkeit), so deckt sich die Nulllinie mit dem oberen bzw. rechten Rand.

Für die übrigen drei Eckpunkte finden wir entsprechende Geraden in den anderen Quadranten. Zusammen trennen sie die Kernfläche der Querschnitts, den Kern, von der übrigen Querschnittsebene. Solange die Längskraft innerhalb des Kerns angreift, treten im Querschnitt nur Spannungen eines Vorzeichens auf. Wirkt sie auf der Begrenzungslinie des Kerns, so tangiert die Spannungsnulllinie den Querschnitt an irgendeiner Stelle.[49] Allgemein besteht zwischen der Querschnittsberandung und der Kernberandung folgender Zusammenhang:

Zu jeder Tangente an den Querschnitt, die diesen in mindestens zwei Punkten berührt, gehört ein Knickpunkt in der Kernberandung. Zu jedem Eckpunkt des Querschnitts gehört ein geradliniger Abschnitt in der Kernberandung.

Dieser Zusammenhang lässt sich nun vorteilhaft ausnützen bei der Berechnung von Kernen für andere Querschnitte. Man wählt dabei für jede Tangente an den Querschnitt zwei hervorragende Punkte, wobei jeder Punkt mit seinem Wertepaar (y, z) – bezogen auf Schwerpunkthauptachsen – eine Bestimmungsgleichung für die beiden Unbekannten u und v liefert, die dann den zugehörigen Kernpunkt liefern.

---

[49] An welcher Stelle das geschieht, lässt sich durch Einsetzen der entsprechenden Werte für u und v berechnen.

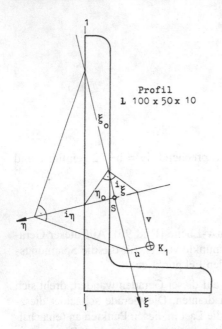

Bild 91
Zeichnerische Ermittlung des zur Tangente
1-1 gehörenden Kernpunktes K_1

Für unsymmetrische Querschnitte wird die Bestimmung der Wertepaare (y, z) mühsam. In solchen Fällen empfiehlt sich die Anwendung des zeichnerischen Verfahrens, das hier deshalb wiedergegeben wird (Bild 91). Dieses zeichnerische Verfahren geht davon aus, dass als ausgezeichnete Punkte der Tangente (= Spannungsnulllinie) deren Schnittpunkte mit den beiden Schwerpunktshauptachsen gewählt wer-
den.[50] Dann ergibt sich nämlich $z_0 \cdot v = - i_y^2$ und $y_0 \cdot u = - i_z^2$. Diese beiden Beziehungen erinnern an den Höhensatz im rechtwinkligen Dreieck: Das Produkt der
Hypothenusenabschnitte ist gleich, dem Quadrat der Höhe. In unserem Fall ist jeweils ein Hypothenusenabschnitt und die Höhe bekannt; unmittelbar gefunden wird
daher der zweite Hypothenusenabschnitt. Dieses Verfahren ist – umgekehrt – auch
gut zu verwenden zur zeichnerischen Bestimmung der Spannungsnulllinie für einen
gegebenen Lastangriffspunkt.

---

[50] Auch bei der rechnerischen Behandlung des Problems empfiehlt es sich, als ausgezeichnete
Punkte auf der Tangente deren Schnittpunkte mit den Hauptachsen zu wählen, obwohl die
dazu gehörenden Koordinaten häufig mühsamer zu bestimmen sind als diejenigen zweier anderer Punkte (etwa zweier Eckpunkte des Querschnitts). Für diese Schnittpunkte nämlich
entkoppeln sich – wie man oben gesehen hat – die Bestimmungsgleichungen: Es sind nicht
mehr zwei Gleichungen mit zwei Unbekannten zu lösen sondern zweimal eine Gleichung mit
einer Unbekannten.

Bisher haben wir den Kern kennengelernt in seiner primären Bedeutung: Der Kern ist derjenige Teil der Querschnittsebene (nicht der Querschnittsfläche: er kann nämlich über die Berandung des Querschnitts hinausragen), in dem der Angriffspunkt einer mittig oder außermittig angreifenden Normalkraft liegt, wenn nur Spannungen eines Vorzeichens im Querschnitt auftreten.

Nun wollen wir abschließend den Kern besprechen in seiner Eigenschaft als leistungsfähiges Hilfsmittel bei der Berechnung von Randspannungen, wenn als Schnittgröße eine ausmittig angreifende Normalkraft wirkt. Wir setzen bei der folgenden Betrachtung einachsige Ausmittigkeit voraus; das Verfahren lässt sich jedoch, ohne Schwierigkeit auf zweiachsige Ausmittigkeit ausdehnen. Betrachtet wird ein dreieckförmiger Querschnitt, auf dessen z-Achse die Normalkraft N im Abstand v vom Schwerpunkt wirkt (Bild 92). Die Randspannungen ergeben sich, dann zu

$$\sigma_u = \frac{N}{A} + \frac{N \cdot v}{W_{yu}} \quad \text{und} \quad \sigma_o = \frac{N}{A} - \frac{N \cdot v}{W_{yo}}$$

wenn W_{yu} und W_{yo} die Absolutbeträge der entsprechenden Widerstandsmomente sind. Diese Widerstandsmomente hängen – wie wir wissen – mit den Kernweiten zusammen, und zwar (nach A aufgelöst) in der Form

$$A = \frac{W_{yo}}{k_{zo}} = \frac{W_{yu}}{k_{zu}} \quad \left[\begin{array}{l} \text{Entweder setzen wir in diese} \\ \text{Formel W und k mit ihren} \\ \text{Vorzeichen ein oder nur} \\ \text{deren Beträge.} \end{array} \right]$$

Diese Beziehung setzen wir in die o.a. Formeln ein und erhalten

$$\sigma_u = \frac{N \cdot (k_{zu} + v)}{W_{yu}} \quad \text{und} \quad \sigma_o = \frac{N \cdot (k_{zo} - v)}{W_{yo}}$$

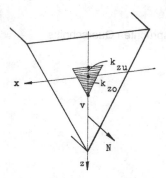

Bild 92
Kernpunktsmomente

Nun ist $k_{zu} + v$ der Abstand des Lastangriffspunktes vom Kernpunkt K_{zu} und der Abstand $k_{zo} - v = - (v - k_{zo})$ dessen Anstand vom Kernpunkt K_{zo}. Wir können daher sagen $M_{ku} = N \cdot (k_{zu} + v)$ und $M_{ko} = N \cdot (k_{zo} - v) = - N \cdot (v - k_{zo})$. Diese auf die Kernpunkte K_{zu} und K_{zo} bezogenen Momente nennt man Kernpunktsmomente. Mit ihnen ergeben sich die Randspannungen in der Form

$$\sigma_u = \frac{M_{ku}}{W_{zu}} \quad \text{und} \quad \sigma_o = \frac{M_{ko}}{W_{zo}} \; .$$

Man darf bei Anwendung dieser Formel nicht vergessen, dass zum unteren Querschnittsrand der obere Kernpunkt gehört und umgekehrt. Setzt man N und v mit ihrem Vorzeichen ein und nimmt für W und k nur deren Beträge, dann ergeben sich die Randspannungen vorzeichenrichtig. Diese Art der Spannungsermittlung erlaubt, in Bauteilen, in denen N und M gleichzeitig wirken, ihre Maximalwerte jedoch an verschiedenen Stellen erreichen, den maximal beanspruchten Querschnitt sofort zu finden: Der Querschnitt mit dem größten Kernpunktsmoment ist maximal beansprucht.

Hierzu ein kleines Beispiel:

Bei dem in Bild 93 dargestellten Stahlträger soll der meist beanspruchte Querschnitt ermittelt werden.

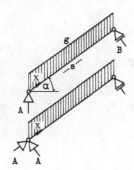

Bild 93
Zur Ermittlung des meistbeanspruchten Querschnitts

Lösung:

Streckenlasten:

$$g_\perp = g \cdot \cos\alpha \qquad g_\parallel = g \cdot \sin\alpha$$

Auflagerkräfte:

$$A_\perp = B_\perp = \frac{s \cdot g \cdot \cos \alpha}{2} \qquad A_\parallel = s \cdot g \cdot \sin \alpha$$

Schnittgrößen:

$$M_y(x) = \frac{1}{2} \cdot s \cdot g \cdot \cos\alpha \cdot x - \frac{1}{2} \cdot g \cdot \cos\alpha \cdot x^2 = \frac{1}{2} \cdot g \cdot \cos\alpha \cdot (s \cdot x - x^2)$$

$$N(x) = -g \cdot \sin\alpha \cdot (s - x)$$

Damit ergibt sich für den Abstand der ausmittigen Längskraft:

$$v(x) = \frac{M_y(x)}{N(x)} = \frac{0,5 \cdot g \cdot \cos\alpha \cdot (s \cdot x - x^2)}{-g \cdot \sin\alpha \cdot (s - x)} = -\frac{1}{2} \cdot \cot\alpha \cdot x$$

und für das Kernpunktsmoment:

$$M_{ko}(x) = -N \cdot (v(x) - k_{zo}) = -\frac{1}{2} \cdot g \cdot \cos\alpha \cdot (s \cdot x - x^2) - g \cdot \sin\alpha \cdot (s - x) \cdot k_{zo}$$

$$\frac{dM_{ko}}{dx} = -\frac{1}{2} \cdot g \cdot \cos\alpha \cdot (s - 2 \cdot x) + g \cdot \sin\alpha \cdot k_{zo}; \quad \frac{dM_{ko}}{dx} = 0 \quad \text{liefert}$$

$$\frac{1}{2} \cdot g \cdot \cos\alpha \cdot (s - 2 \cdot x_0) = g \cdot \sin\alpha \cdot k_{zo} \quad \rightarrow \quad x_0 = \frac{s}{2} - k_{zo} \cdot \tan\alpha.$$

Für $\alpha = 45°$ etwa rutscht der meist beanspruchte Querschnitt also um k_{zo} aus der Feldmitte heraus. Für in der Praxis vorkommende Fälle (Dachsparren) kann der Spannungsnachweis also in Feldmitte geführt werden, ohne dass dabei ein großer Fehler gemacht wird. Allerdings sollte für sehr steile Dachsparren, also für große Winkel α, der Nachweis an der oben ermittelten Stelle x_0 geführt werden!

Das Bemessen mit so ermittelten Kernpunktsmomenten ist (ohne Modifikation) allerdings nur möglich, solange die zulässigen Spannungen des jeweiligen Baustoffes für Biegung und Zug/Druck gleich groß sind. Bei Holz z.B. ist dieses nicht der Fall.

Tafel 6: Beziehungen zwischen Schnittgrößen, Spannungen und Verformungen

Beanspruchung	Querkraftbiegung [51]		Saint-Venantsche Torsion	Zug und Druck
Schnittgröße — Symbol — Name	M_y Biegemoment	V_z Querkraft	M_T Torsionsmoment	N Normalkraft
Spannungen im Stabquerschnitt	$\sigma_x = \dfrac{M_y}{I_y} \cdot z$	$\tau = \dfrac{V_z \cdot S_y}{I_y \cdot b}$ Die Richtung der Spannungen in der Querschnittsebene hängt ab von der Querschnittsform	$\tau = \dfrac{M_T}{I_t} \cdot r$	$\sigma = \dfrac{N}{A}$
Verformung eines Stabelementes — Symbol — Name	$X_{xz} = \dfrac{M_y}{E \cdot I_y}$ Krümmung	$Y_{xz} = \dfrac{V_z}{G \cdot A} \cdot X_V$ Gleitung	$\vartheta = \dfrac{M_T}{G \cdot I_t}$ Verdrehung	$\varepsilon = \dfrac{N}{E \cdot A}$ Dehnung
Gegenseitige Lageänderung der Endquerschnitte eines Stabelementes	$d\varphi = \dfrac{M_y}{E \cdot I_y} \cdot dl$	$dw_s = \dfrac{V_z \cdot dl}{G\,A} \cdot X_V$	$d\varphi = \dfrac{M_T}{G \cdot I_t} \cdot dl$	$d\delta = \dfrac{N}{E \cdot A} \cdot dl$
Angaben über die gegenseitige Lage von Schnittgröße, Querschnitt und Bezugssystem	y-Achse = Schwerpunkthauptachse	1. -Achse = Schwerpunkthauptachse 2. V_z ist auf den Schubmittelpunkt gerichtet	Koordinaten – Ursprung liegt im Schwerpunkt	Die Normalkraft wirkt entlang der Schwerlinie

Zusammenfassung von Kapitel 2

In diesem Kapitel haben wir die im Band 1 eingeführten Schnittgroßen ersetzt durch flächenmäßig verteilte Querschnittsbelastungen, die Spannungen. Bei der Angabe der entsprechenden arithmetischen Ausdrücke haben wir uns bezogen auf ein orthogonales Koordinatensystem, das schon bei der Ermittlung der Schnittgrößen benutzt wurde. Wir haben auch ermittelt, wie sich ein Stabelement bei Beanspruchung durch die verschiedenen Schnittgrößen verformt. Die angegebenen Werte können in allen Fällen über die Stablänge aufaddiert – integriert werden. Bei allen Beanspruchungen außer Biegung führt das auf die wesentlichen Verformungen. Bei der Biegung muss die wesentliche Verformung, die Durchbiegung, in einer eigenen kleinen Untersuchung erst noch ermittelt werden. In einer Übersicht (Tafel 6) sind wesentliche Ergebnisse unserer Untersuchung zusammengestellt. Es zeigt sich, dass bei Anwendung der ermittelten Formeln die Berechnung von Querschnittsspannungen und

---

[51] Die Formeln sind angegeben für eine auf die Schubmittelpunktlinie gerichtete Querbelastung parallel zur x-z-Ebene. Entsprechende Formeln gelten für eine Querbelastung parallel zur x-y-Ebene.

Stabelementverformungen i. A. reduziert wird auf die Bestimmung von Querschnittswerten. Eine Ausnahme bildet die Berechnung von Spannungen und Verformungen eines tordierten Trägers mit mehrzelligem Hohlquerschnitt: Dabei muss stets ein lineares Gleichungssystem gelöst werden. Überhaupt muss im Hinblick auf das Torsionsproblem gesagt werden, dass dessen Behandlung im Rahmen dieses Kapitels unvollständig ist. Es wurde nur die Saint-Venantsche Torsion untersucht, während in der Praxis in den meisten Fällen Wölbkraft – Torsion auftritt.

Wir haben gesehen, dass in einem Zugstab ein reiner Normalspannungszustand herrscht und in einer tordierten Welle ein reiner Schubspannungszustand. Das bedeutet jedoch nicht, dass in keiner Schnittfläche eines Zugstabes Schubspannungen auftreten; auch nicht, dass in keiner Schnittfläche einer tordierten Welle Normalspannungen auftreten. Es ist vielmehr so, dass wir nur über Spannungen in Querschnitten bisher eine Aussage gemacht haben. Welche Spannungen in anderen Schnittebenen wirken, muss noch untersucht werden.

In den beiden letzten Abschnitten haben wir untersucht, was passiert, wenn Schnittgröße und Querschnittsfläche nicht so zueinander liegen, wie in den Abschnitten 2.3 bis 2.5 vorausgesetzt. Was passiert z. B., wenn eine Längskraft nicht im Schwerpunkt der Querschnittsfläche wirkt? Oder wenn die Biegemomentenebene nicht mit einer Hauptebene des Stabelementes zusammenfällt? Im letzten Fall gibt es, so haben wir gesehen, zwei Möglichkeiten für die rechnerische Untersuchung: Entweder man bezieht sich nach wie vor auf die Hauptachsen und zerlegt das Biegemoment entsprechend, oder man arbeitet mit beliebigen Bezugsachsen und verwendet die etwas komplizierter gebauten Formeln. Schließlich haben wir, besonders in Abschnitt 2.6 gesehen, dass nicht bei allen Spannungen die errechneten Werte an der entsprechenden Stelle eines Bauteils wirklich auftreten. Bei manchen Spannungen handelt es sich um Rechengrößen, die mit dem physikalischen Sachverhalt im Bauteil nur wenig zu tun haben.

Abschließend noch ein Wort zur Bezeichnungsweise. Den Anfänger wird gewiss irritieren, dass durchweg einerseits von Normalspannungen und andererseits von Schubspannungen gesprochen wird. Tatsächlich sollte für die Schnittflächenbelastung konsequent entweder auf die Art der Spannung (Richtung relativ zur Schnittfläche) oder auf deren Ursache hingewiesen werden. Dementsprechend wäre sinnvoll, entweder von Normalspannungen und Tangentialspannungen zu sprechen oder von Normalkraftspannungen, Biegespannungen, Schubspannungen, Scherspannungen und Torsionsspannungen. Nun, solche kleinen Inkonsequenzen müssen in Kauf genommen werden bei allen Wissenschaften, die ihre Impulse aus dem praktischen Schaffen empfangen und in engem Kontakt zur Praxis organisch wachsen. Bei allen Untersuchungen dieses Kapitels haben wir eine lineare Beziehung zwischen Spannungen und Verzerrungen und homogene Bauteile mit gerader Stabachse vorausgesetzt.

3 Zusammenfassende Darstellung von Flächenwerten

In Kapitel 2 haben wir bei der Ermittlung von Spannungen und Verzerrungen elastischer Körper verschiedene Flächenwerte definiert, deren Berechnung hier noch einmal zusammenhängend gezeigt werden soll. Dabei stellen sich drei Teilaufgaben:

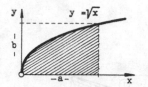

Bild 94
Zur Flächenberechnung

1) Die Ermittlung von Flächenwerten für Flächen, deren Berandung kontinuierlich verläuft und durch eine Funktion analytisch ausgedruckt werden kann.
2) Die Behandlung von Flächen mit nicht – kontinuierlicher Berandung.
3) Die Untersuchung der Abhängigkeit der Flächenwerte von einer Verschiebung und/oder Verdrehung des Bezugssystems.

3.1 Flächeninhalt

Der Inhalt ebener Flächen, deren Berandung abschnittsweise kontinuierlich verläuft und analytisch ausgedrückt werden kann, lässt sich mit Hilfe der Integralrechnung ermitteln:

$$A = \int\limits_{(A)} dA$$

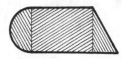

Bild 95

Als einfaches Beispiel berechnen wir die Fläche unter der Parabel $y = \sqrt{x}$, Bild 94:

$$A = \int\limits_0^a y \cdot dx = \int\limits_0^a \sqrt{x} \cdot dx = \frac{2}{3} \cdot x^{\frac{3}{2}} \bigg|_0^a = \frac{2}{3} \cdot a \cdot \sqrt{a} = \frac{2}{3} \cdot a \cdot b \,.$$

Für viele geometrische Figuren sind so oder ähnlich die Formeln für den Flächeninhalt gefunden worden, sodass sie nun Tabellen entnommen werden können.

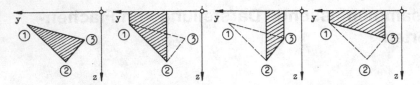

Bild 96 Zur Herleitung der Trapezformel

Unter Verwendung dieser Formeln lässt sich auch der Inhalt ebener Flächen mit nichtkontinuierlicher Berandung berechnen (Bild 96): Man bestimmt die Inhalte der Teilflächen und addiert:

$$A = \sum A_i \ .$$

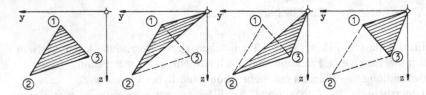

Bild 97 Zur Herleitung der Ursprungsformel

In schwierigen Fällen kann auch mit Hilfe eines Planimeters der Flächeninhalt gemessen werden.

Handelt es sich um eine Fläche, deren Berandung die Form eines Polygonzuges hat, also um ein n-Eck, so kann dessen Inhalt recht einfach bestimmt werden durch Verwendung der kartesischen Koordinaten der n Eckpunkte. Dieses Verfahren gewinnt durch den stärker werdenden Einsatz von Digitalrechnern zunehmend an Bedeutung, weshalb wir es hier wiedergeben. Bekanntlich wird in der analytischen Geometrie die Fläche eines Dreiecks dargestellt als arithmetische Summe der entsprechenden Trapezflächen (Bild 96).

Mit

$$A_{T1} = \frac{1}{2}(z_1 + z_2) \cdot (y_1 - y_2)$$

$$A_{T2} = \frac{1}{2}(z_2 + z_3) \cdot (y_2 - y_3)$$

$$A_{T3} = \frac{1}{2}(z_3 + z_1) \cdot (y_1 - y_3) = -\frac{1}{2}(z_3 + z_1) \cdot (y_3 - y_1)$$

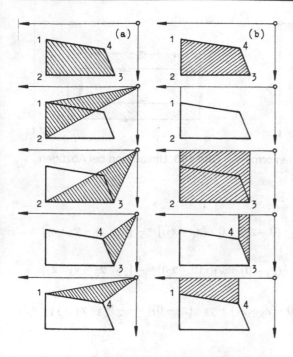

ergibt $A_{Dr} = A_{T1} + A_{T2} - A_{T3}$ die Beziehung*

$$A_{Dr} = \frac{1}{2}\left[(z_1 + z_2) \cdot (y_1 - y_2) + (z_2 + z_3) \cdot (y_2 - y_3) + (z_3 + z_1) \cdot (y_3 - y_1)\right]$$

Eine kurze Umformung liefert

$$A_{Dr} = \frac{1}{2}\left[(y_1 \cdot (z_2 - z_3) + y_2 \cdot (z_3 - z_1) + y_3 \cdot (z_1 - z_2)\right] **$$

Zu einer für weitere Untersuchungen recht geeigneten Form kommt man, wenn man eine Dreiecksfläche darstellt als Summe von Dreiecken, bei denen je eine Ecke mit dem Koordinatenursprung zusammenfällt (Bild 97).

Dann gilt $A_{Dr} = A_{D1} + A_{D2} - A_{D3}$.

Bild 98
Viereck als Summe von Dreiecken bzw. Trapezen

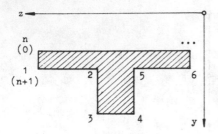 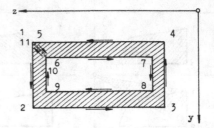

Bild 99 Zur Anwendung der Flächenformeln   **Bild 100** Umlaufsinn bei Abzügen

Verwendung der Form ** liefert

$$A_{D1} = \frac{1}{2}\,[y_1 \cdot (z_2 - 0) + y_2 \cdot (0 - z_1) + 0 \cdot (z_1 - z_2)] = \frac{1}{2}\,[y_1 \cdot z_2 - y_2 \cdot z_1]$$

$$A_{D2} = \frac{1}{2}\,[0 \cdot (z_2 - z_3) + y_2 \cdot (z_3 - 0) + y_3 \cdot (0 - z_2)] = \frac{1}{2}\,[y_2 \cdot z_3 - y_3 \cdot z_2]$$

$$A_{D3} = -\frac{1}{2}\,[y_1 \cdot (0 - z_3) + 0 \cdot (z_3 - z_1) + y_3 \cdot (z_1 - 0)] = -\frac{1}{2}\,[y_3 \cdot z_1 - y_1 \cdot z_3].$$

Damit ergibt sich

$$A_{Dr} = \frac{1}{2}\,[(y_1 \cdot z_2 - y_2 \cdot z_1) + (y_2 \cdot z_3 - y_3 \cdot z_2) + (y_3 \cdot z_1 - y_1 \cdot z_3)].$$

In allen drei Formen ist die Gesetzmäßigkeit des Aufbaus unmittelbar zu erkennen. Es ist klar, dass nicht nur ein Dreieck, sondern jedes beliebige Vieleck sich als Summe von Trapezen oder Ursprungs – Dreiecken darstellen lässt (Bild 98). Dementsprechend erhält man (n = Anzahl der Ecken)

1) die Trapezformel

$$A = \frac{1}{2} \cdot \sum_{i=1}^{n} (y_i - y_{i+1}) \cdot (z_i + z_{i+1})$$

2) die Dreiecksformel

$$A = \frac{1}{2} \cdot \sum_{i=1}^{n} y_i \cdot (z_{i+1} - z_{i-1})$$

3) die „Ursprungsformel"

$$A = \frac{1}{2} \cdot \sum_{i=1}^{n} (y_i \cdot z_{i+1} - y_{i+1} \cdot z_i) .$$

Bei Anwendung der Dreiecksformel tritt bei Verarbeitung des Punktes 1 die Ordinate y_0 auf, bei Verarbeitung des Punkte n die Ordinate y_{n+1} (bei den anderen Formeln geschieht ähnliches). Es gilt grundsätzlich: Pkt. 1 = Pkt. n+1; Pkt. n = Pkt. 0 (Bild 99). Übrigens muss die Fläche im mathematisch positiven Sinn (also entgegengesetzt dem Uhrzeiger – Drehsinn) umfahren werden, wenn sich für den Inhalt ein positiver Wert ergeben soll. Durch Umfahren bestimmter Bereiche in mathematisch negativer Richtung kann man in einem Summationsvorgang dementsprechend Abzüge vornehmen (Bild 100). Die obigen Formeln sind für eine Auswertung mit einem Tabellenkalkulationsprogramm (z. B. Excel) oder zur Programmierung sehr gut geeignet.

3.2 Schwerpunkt und statisches Moment

Der Name Schwerpunkt kommt ebenso wie die meisten anderen Namen in diesem Kapitel aus der Physik. Denken wir uns die zu untersuchende Fläche mit Masse belegt, also etwa aus einem Blech der Stärke t und des spezifischen Gewichts γ ausgeschnitten, so wirkt auf jedes kleine Flächenelement dF die (Schwer-) Kraft $dF = t \cdot \gamma \cdot dA$. Auf die ganze Fläche wirkt dann natürlich die Summe aller Teilkräfte, also

$$F = \int_{(A)} dF = \int_{(A)} \gamma \cdot t \cdot dA = \gamma \cdot t \cdot \int_{(A)} dA = \gamma \cdot t \cdot A.$$

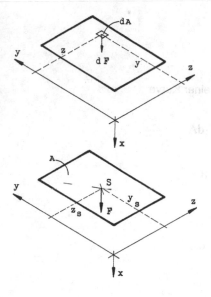

Bild 101
Bestimmung des Schwerpunktes

Derjenige Punkt, in dem diese Gesamtkraft auf die Fläche wirkt, wird als Schwerpunkt dieser Fläche bezeichnet (Definition). Es handelt sich also bei der Ermittlung eines Schwerpunktes um die Reaktion eines Kraftsystems, wie wir sie in Band 1 kennengelernt haben, also um ein Äquivalenzproblem. Somit ist klar, dass der Schwerpunkt auf folgende drei Arten gefunden werden kann:

a) rechnerisch,
b) zeichnerisch,
c) experimentell.

Zunächst die rechnerische Bestimmung des Schwerpunktes, Bild 101. Damit die Gesamtkraft F der Summe aller Teilkräfte dF äquivalent ist, müssen drei Bedingungen erfüllt sein:

1) $F = \int\limits_{(A)} dF$

2) $F \cdot y_s = \int\limits_{(A)} y \cdot dF$

3) $F \cdot z_s = \int\limits_{(A)} z \cdot dF$

Dabei sind y- und z-Achse beliebige Bezugsachsen, die nicht parallel sein dürfen. Die erste Bedingung wurde oben bereits verarbeitet, die zweite und dritte Bedingung liefern die beiden Gleichungen

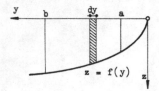

Bild 102
Fläche unter einer Kurve

$$\gamma \cdot t \cdot A \cdot y_s = \int\limits_{(A)} y \cdot \gamma \cdot t \cdot dA = \gamma \cdot t \cdot \int\limits_{(A)} y \cdot dA$$

$$\gamma \cdot t \cdot A \cdot z_s = \int\limits_{(A)} z \cdot \gamma \cdot t \cdot dA = \gamma \cdot t \cdot \int\limits_{(A)} z \cdot dA$$

Sie haben die Lösung

$$y_s = \frac{1}{A} \cdot \int\limits_{(A)} y \cdot dA \quad \text{und} \quad z_s = \frac{1}{A} \cdot \int\limits_{(A)} z \cdot dA \ .$$

Mit diesen Formeln lassen sich die Koordinaten der Schwerpunkte aller Flächen bestimmen, die durch analytisch fassbare Kurven begrenzt sind. Für den Schwerpunkt einer Fläche unter einer Kurve $z = f(y)$ gilt dann (Bild 102)

$$y_s = \frac{1}{A} \cdot \int_a^b y \cdot z \cdot dy \quad \text{und} \quad z_s = \frac{1}{2 \cdot A} \cdot \int_a^b z^2 \cdot dy \,.$$

Den oben auftretenden Ausdruck $\int y \cdot dA$ bzw. $\int z \cdot dA$ nennt man das statische Moment der Fläche A in Bezug auf die z-Achse bzw. y-Achse:

$$S_z = \int_{(A)} y \cdot dA \quad \text{und} \quad S_y = \int_{(A)} z \cdot dA \,.$$

Als kleines Beispiel berechnen wir das statische Moment der Fläche unter der Parabel $z = \sqrt{y}$ bezüglich der y- und z-Achse und die Lage des Schwerpunktes dieser Fläche (Bild 103):

$$S_z = \int_0^a y \cdot \sqrt{y} \cdot dy = \frac{2}{5} \cdot y^{\frac{5}{2}} \Big|_0^a = \frac{2}{5} \cdot a^2 \cdot \sqrt{a} = \frac{2}{5} \cdot a^2 \cdot b$$

$$S_y = \frac{1}{2} \cdot \int_0^a z^2 \cdot dy = \frac{1}{4} \cdot y^2 \Big|_0^a = \frac{1}{4} \cdot a^2 \,.$$

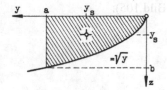

Bild 103

Damit ergibt sich

$$y_s = \frac{S_z}{A} = \frac{2}{5} \cdot a^2 \cdot b \, / \left(\frac{2}{3} \cdot a \cdot b \right) = \frac{3}{5} \cdot a$$

$$z_s = \frac{S_y}{A} = \frac{1}{4} \cdot a^2 \, / \left(\frac{2}{3} \cdot a \cdot b \right) = \frac{3}{8} \cdot \sqrt{a} = \frac{3}{8} \cdot b \,.$$

Auf diese Weise hat man für alle möglichen planimetrischen Figuren die Lage des Schwerpunktes bestimmt. Die bekannten Ergebnisse kann man nun sozusagen umgekehrt verwenden, um das statische Moment dieser Figuren zu berechnen:

$$S_y = A \cdot z_s \quad \text{und} \quad S_z = A \cdot y_s .$$

Handelt es sich dabei um eine Figur, deren Schwerpunkt lagemäßig nicht bekannt ist, so zerlegt man sie in Teilflächen, für die Schwerpunktskoordinaten vorliegen:

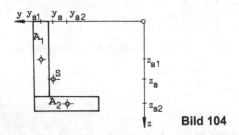

Bild 104

$$S_y = \sum_{i=1}^{n} A_i \cdot z_{si} \quad \text{und} \quad S_z = \sum_{i=1}^{n} A_i \cdot y_{si} .$$

Für den in Bild 104 gezeigten Winkelquerschnitt etwa ergibt sich

$$S_y = A_1 \cdot z_{s1} + A_2 \cdot z_{s2} \quad \text{und} \quad S_z = A_1 \cdot y_{s1} + A_2 \cdot y_{s2}$$

und damit

$$z_s = \frac{A_1 \cdot z_{s1} + A_2 \cdot z_{s2}}{A_1 + A_2} \quad \text{bzw.} \quad y_s = \frac{A_1 \cdot y_{s1} + A_2 \cdot y_{s2}}{A_1 + A_2}$$

Häufig kommt man schnell zum Ziel, wenn man die gegebene Fläche nicht als Summe sondern als Differenz von Teilflächen auffasst (Bild 105):

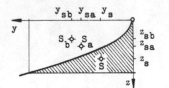

Bild 105

$$S_y = A_a \cdot z_{sa} - A_b \cdot z_{sb} \quad \text{bzw.} \quad S_z = A_a \cdot y_{sa} - A_b \cdot y_{sb}$$

$$z_s = \frac{A_a \cdot z_{sa} - A_b \cdot z_{sb}}{A_a - A_b} ; \quad y_s = \frac{A_a \cdot y_{sa} - A_b \cdot y_{sb}}{A_a - A_b}$$

Handelt gib sich um die Untersuchung einer polygonal begrenzten Fläche, also eines Vielecks, so kann, besonders beim Arbeiten mit einem Computer, auch wieder eine Zerlegung in Dreiecke günstig sein, bei denen jeweils eine Ecke mit dem Koordinatenursprung zusammenfällt, etwa wie in Bild 107. Im Rahmen der analytischen Geometrie werden für ein Dreieck die Koordinaten seines Schwerpunktes angegeben in der Form (Bild 106)

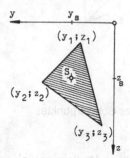

Bild 106

$$y_s = \frac{1}{3}(y_1 + y_2 + y_3) \quad \text{und} \quad z_s = \frac{1}{3}(z_1 + z_2 + z_3).$$

Fällt ein Eckpunkt, etwa Punkt 3, in den Koordinatenursprung, dann gilt entsprechend

$$y_s = \frac{1}{3}(y_1 + y_2) \quad \text{und} \quad z_s = \frac{1}{3}(z_1 + z_2)$$

Das statische Moment eines solchen Ursprungsdreiecks ist dann (Bild 107)

$$S_y = \frac{1}{6}(y_1 \cdot z_2 - y_2 \cdot z_1) \cdot (z_1 + z_2) \quad \text{und} \quad S_z = \frac{1}{6}(y_1 \cdot z_2 - y_2 \cdot z_1) \cdot (y_1 + y_2).$$

Für das statische Moment des oben genannten n-Ecks ergibt sich somit

$$S_y = \frac{1}{6}\sum_{i=1}^{n}(y_i \cdot z_{i+1} - y_{i+1} \cdot z_i) \cdot (z_i + z_{i+1})$$

$$S_z = \frac{1}{6}\sum_{i=1}^{n}(y_i \cdot z_{i+1} - y_{i+1} \cdot z_i) \cdot (y_i + y_{i+1}).$$

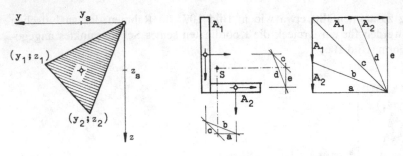

Bild 107

Bild 108
Zeichnerische Ermittlung des Schwerpunktes

Nun zum zeichnerischen Verfahren. Die zeichnerische Ermittlung des Schwerpunktes einer Fläche, von deren Teilflächen die Schwerpunkte bekannt sind, stellt sich dar als Bestimmung der Resultierenden für mehrere zueinander parallele Kräfte (Bild 108). Dabei entspricht die Größe der einzelnen Kräfte der Größe der einzelnen Teilflächen. Schließlich die experimentelle Bestimmung der Schwerpunktslage. Schneidet man die zu untersuchende Fläche aus einem Blech aus und hängt dieses Stück nacheinander an zwei verschiedenen Stellen auf, dann stellt es sich jedes Mal so ein, dass der Schwerpunkt senkrecht unter dem Aufhängepunkt liegt. Markiert man diese Senkrechten durch den jeweiligen Aufhängepunkt (es sind Schwerachsen), so gibt also deren Schnittpunkt unmittelbar die Lage des Schwerpunktes an. Man erkennt in diesem Zusammenhang sofort, dass der gemeinsame Schwerpunkt zweier Teilflächen auf der Verbindungslinie der Einzelschwerpunkte der beiden Teilflächen liegen muss. Denkt man sich nämlich eine Fläche aus zwei Teilflächen zusammengesetzt und unterstützt sie im Schwerpunkt einer Teilfläche, so stellt sie sich so ein, dass der Schwerpunkt der zweiten Teilfläche ebenso wie der Schwerpunkt der Gesamtfläche senkrecht unter dem Stütz- bzw. Aufhängepunkt liegt

3.3 Trägheitsmoment, Trägheitsradius, Deviationsmoment

In Abschnitt 2.3.2 haben wir das Flächenträgheitsmoment definiert in der Form

$$I_y = \int_{(A)} z^2 \cdot dA \quad \text{bzw.} \quad I_z = \int_{(A)} y^2 \cdot dA \, .$$

I_y ist das Trägheitsmoment in Bezug auf die y-Achse, I_z jenes in Bezug auf die z-Achse. Das axiale Trägheitsmoment ist kennzeichnend für den Widerstand, den ein Profil der elastischen Verformung durch Biegemomente entgegensetzt. Das Trägheitsmoment der Fläche wird auch als Flächenmoment 2. Grades bezeichnet. Der Name „Trägheitsmoment" kommt aus der Dynamik (Kinetik), wo ein gleich gebauter Ausdruck auftaucht; etwa in der Gleichung $My = \Theta_y \cdot \dot{\omega}$ wobei

$$\Theta_y = \int_{(m)} y^2 \cdot dm$$ als Massenträgheitsmoment bezeichnet wird.

Diese Größe ist kennzeichnend für die Trägheit, die eine mit Masse gleichmäßig belegte Fläche A der Rotation um die y-Achse entgegensetzt.

Mit Hilfe der obigen Formeln kann für jede Fläche, deren Berandung sich analytisch darstellen lässt, das Trägheitsmoment in Bezug auf eine y- bzw. z-Achse berechnet werden. Für ein Rechteck haben wir die Berechnung auf im Abschnitt 2.2 durchgeführt, hier zeigen wir die Berechnung für einen Halbkreis, Bild 110.

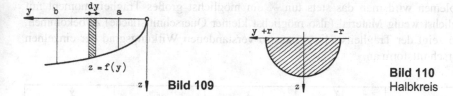

Bild 109

Bild 110
Halbkreis

Allgemein gilt für eine Fläche unter einer Kurve (Bild 109)

$$I_y = \int_a^b \int_0^z z^2 \cdot dz \cdot dy = \frac{1}{3} \cdot \int_a^b z^3 \cdot dy \,,$$

$$I_z = \int_a^b y^2 \cdot z \cdot dy \,. \quad \text{Mit } z = \sqrt{r^2 - y^2} \text{ also}^{[52]}$$

$$I_y = \frac{1}{3} \int_{-r}^{+r} (r^2 - y^2)^{\frac{3}{2}} dy = \frac{1}{12} \left[y\sqrt{(r^2 - y^2)^3} + \frac{3}{2} r^2 y \sqrt{r^2 - y^2} + \frac{3}{2} r^4 \arcsin \frac{y}{r} \right]_{-r}^{+r}$$

$$= \frac{1}{12} \left[0 + 0 + \frac{3}{2} r^4 \left(\frac{\pi}{2} - \left(-\frac{\pi}{2} \right) \right) \right] = \frac{1}{8} \cdot \pi \cdot r^4 \,.$$

$$I_z = \int_{-r}^{+r} y^2 \cdot \sqrt{r^2 - y^2} \cdot dy = \left[-\frac{y}{4} \cdot \sqrt{(r^2 - y^2)^3} + \right.$$

---

[52] Integration siehe etwa Bronstein-Sem.: Taschenbuch der Mathematik

$$+\frac{r^2}{8}\cdot\left(y\cdot\sqrt{r^2-y^2}+r^2\cdot\arc\sin\frac{y}{r}\right)\Bigg]_{-r}^{+r}=\frac{1}{8}\cdot\pi\cdot r^4.$$

Für viele planimetrischen Figuren sind so die Trägheitsmomente berechnet und in Tafeln zusammengestellt worden. Wir zeigen einige Ergebnisse in Tafel 7. In dieser Tafel ist auch der Trägheitsradius $i_y=\sqrt{I_y/A}$ bzw. $i_z=\sqrt{I_z/A}$ aufgeführt. Diese Größe haben wir schon bei Behandlung der Biegung mit Längskraft kennengelernt. Sie spielt eine große Rolle auch beim Problem der Stabknickung. In der Form $I_y=A\cdot i_y^2$ bzw. $I_z=A\cdot i_z^2$ wird die mechanische Bedeutung des Trägheitsradius klar: Der Trägheitsradius gibt an, in welchem Abstand von der Bezugsachse man sich die ganze Fläche vereint denken kann bei der Berechnung des entsprechenden Trägheitsmomentes (Bild 111). Wenn man anstrebt – und bei statischen Problemen wird man das stets tun –, ein möglichst großes Trägheitsmoment mit möglichst wenig Material (also möglichst kleiner Querschnittsfläche) zu bekommen, dann zeigt der Trägheitsradius einen so verstandenen Wirkungsgrad der einzelnen Querschnittsform an.

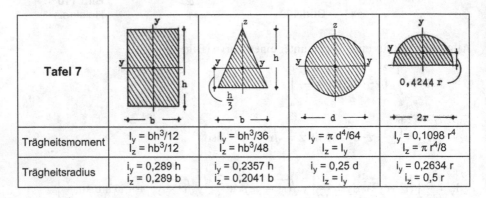

Tafel 7				
Trägheitsmoment	$I_y=bh^3/12$ $I_z=hb^3/12$	$I_y=bh^3/36$ $I_z=hb^3/48$	$I_y=\pi\,d^4/64$ $I_z=I_y$	$I_y=0,1098\,r^4$ $I_z=\pi\,r^4/8$
Trägheitsradius	$i_y=0,289\,h$ $i_z=0,289\,b$	$i_y=0,2357\,h$ $i_z=0,2041\,b$	$i_y=0,25\,d$ $i_z=i_y$	$i_y=0,2634\,r$ $i_z=0,5\,r$

Hat man es mit einer Fläche zu tun, die sich aus verschiedenen Grundformen zusammensetzen lässt, für die die Trägheitsmomente bezogen auf ein und dieselbe Achse bekannt sind, dann ergibt sich das Trägheitsmoment der Gesamtfläche als arithmetische Summe der Trägheitsmomente der Teilflächen. Für I_y der in Bild 112 dargestellten Fläche ergibt sich also

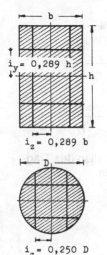

$i_z = 0,250\ D$

Bild 111
Trägheitsradius

$$I_y = I_{1y} + I_{2y} + I_{3y} = \sum_{i=1}^{3} I_{iy} = b^3 \cdot \left[\frac{1}{48} h_1 + \frac{1}{12} h_2 + \frac{\pi \cdot b}{128} \right].$$

Zu fragen ist: Ergibt sich I_z in der analogen Form

$$I_z = I_{z1} + I_{z2} + I_{z3} = \sum_{i=1}^{3} I_{iz}\ ?$$

Die Antwort auf diese Frage ist: Ja; dabei müssen natürlich auch hier die Trägheitsmomente der drei Teilflächen auf die (eingezeichnete) z-Achse (allgemein: auf eine und dieselbe Achse) bezogen sein. Bekannt sind die Trägheitsmomente der drei Teilflächen in Bezug auf andere Achsen (Tafel 7), die aber immerhin parallel zur „neuen" z-Achse sind. Mit diesen bekannten Werten kann man nun die Trägheitsmomente bezüglich der „neuen" z-Achse berechnen, wenn man eine bestimmte und allgemein gültige Rechenvorschrift beachtet. Diese Rechenvorschrift, man nennt sie Transformationsvorschrift, wollen wir nun herleiten und betrachten dazu Bild 113. Nehmen wir an, es sei das Trägheitsmoment dieser Dreiecksfläche bezüglich der z-Achse zu bestimmen, während die Flächenwerte bezüglich der ζ-Achse bekannt seien. Dann gilt $I_z = \int\limits_{(A)} y^2 \cdot dA$.

Dem Bild entnimmt man unmittelbar die Beziehung $y = \eta + a$, die wir verarbeiten:

$$I_z = \int\limits_{(A)} (\eta + a)^2 dA = \int\limits_{(A)} \eta^2 dA + 2 \cdot a \int\limits_{(A)} \eta dA + a^2 \cdot \int\limits_{(A)} dA = I_\zeta + 2a S_\zeta + a^2 A$$

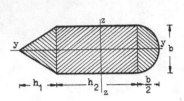

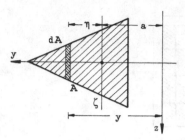

Bild 112 Zusammengesetzte Fläche

Bild 113   Zur Transformation des Trägheitsmomentes

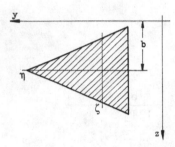

Bild 114
Parallelverschiebung des Achsenkreuzes

Dies ist bereits die gesuchte Transformationsvorschrift: Das Trägheitsmoment einer Fläche A um eine Achse z ergibt sich aus dem Trägheitsmoment derselben Fläche bezogen auf eine (zur z-Achse) parallele und im Abstand a liegende Achse, wenn man zu diesem Trägheitsmoment I_ζ das mit 2a multiplizierte statische Moment der Fläche um die ζ-Achse und die mit a multiplizierte Fläche addiert. Analog gilt natürlich (Bild 114) mit

$$z = \zeta + b \text{ die Vorschrift:} \quad I_y = I_\eta + 2\,b\,S_\eta + b^2\,A.$$

In unserem Fall gehen die η- und die ζ-Achse durch den Flächenschwerpunkt, sodass S_ζ und S_η verschwinden; übrig bleibt dann

$$I_y = I_\eta + b^2 \cdot A \quad \text{und} \quad I_z = I_\zeta + a^2 \cdot A.$$

Bei der Anwendung dieses Satzes in der oben gezeigten allgemeinen Form ist zu bedenken, dass sowohl die Größen a und b als auch die statischen Momente mit Vorzeichen behaftet sind (die Trägheitsmomente sind stets positiv). Bei der Herleitung wurde stillschweigend angenommen, dass die positive η-Achse in der gleichen Richtung verläuft wie die positive y-Achse, die eine also aus der anderen durch eine

Parallelverschiebung hervorgegangen[53] ist (das Gleiche gilt für die ζ-Achse und die z-Achse). Damit liegt das Vorzeichen von S_ζ bzw. S_η eindeutig fest. Wir zeigen hierzu zwei Beispiele:

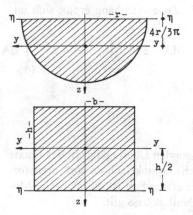

Bild 115
Zwei Beispiele

1. Für eine Halbkreisfläche (Bild 115) soll das Trägheitsmoment um die Schwerachse y – y berechnet werden.

Bekannt sind $I_\eta = \frac{1}{8}\pi r^4$, $A = \frac{1}{2}\pi r^2$, $b = -\frac{4r}{3\pi}$ und $S_\eta = +\frac{2}{3}r^3$.

Damit ergibt sich

$$I_y = \frac{1}{8}\pi r^4 - \frac{8r}{3\pi}\frac{2r^3}{3} + \left(\frac{4r}{3\pi}\right)^2 \frac{1}{2}\pi r^2 = \left(\frac{\pi}{8} - \frac{8}{9\pi}\right) r^4$$

2. Für die Rechteckfläche (Bild 115) sei, ausgehend von dem bekannten Wert $I_\eta = \frac{1}{3}bh^3$, das Trägheitsmoment um die Schwerachse zu berechnen.

Bekannt sind neben I_η die Werte $A = bh$, $b = +\frac{h}{2}$ und $S_\eta = -\frac{1}{2}bh^2$. Damit ergibt sich

$$I_y = \frac{1}{3}bh^3 + h\left(-\frac{1}{2}bh^2\right) + \left(\frac{h}{2}\right)^2 bh = \frac{1}{12}bh^3.$$

---

[53] Man denke sich etwa zunächst beide Koordinatensysteme übereinander liegend und dann das η-ζ System aus dieser Lage parallel verschoben.

In den oben angegebenen Beziehungen ist das Trägheitsmoment um die „neue" Achse angegeben in Abhängigkeit u.a. vom Trägheitsmoment um die „alte" Achse und vom statischen Moment um die „alte" Achse. Man kann es freilich auch angeben in Abhängigkeit vom Trägheitsmoment um die „alte" Achse und vom statischen Moment um die „neue" Achse. Der entsprechende Zusammenhang ergibt sich unmittelbar so:

$$I_\zeta = \int_{(A)} \eta^2 \cdot dA = \int_{(A)} (y-a)^2 \cdot dA = \int_{(A)} y^2 \cdot dA - 2 \cdot a \cdot \int_{(A)} y \cdot dA + a^2 \cdot \int_{(A)} dA$$

$$I_\zeta = I_z - 2 \cdot a \cdot S_z + a^2 \cdot A.$$

Also gilt $I_z = I_\zeta + 2 \cdot a \cdot S_z - a^2 \cdot A$

und analog $I_y = I_\eta + 2 \cdot b \cdot S_y - b^2 \cdot A$

Diese Beziehungen werden interessant bei der folgenden Überlegung. In der Praxis hat sich gezeigt, dass meistens entweder „von Schwerpunktsachsen fort" transformiert wird oder „zu Schwerpunktsachsen hin". Im ersten Fall ist das statische Moment der behandelten Fläche um die „alte" Achse Null, sodass gilt

$$I_y = I_\eta + b^2 \cdot A \quad \text{und} \quad I_z = I_\zeta + a^2 \cdot A;$$

im zweiten Fall ist das statische Moment der behandelten Fläche um die „neue" Achse Null, sodass gilt

$$I_y = I_\eta - b^2 \cdot A \quad \text{und} \quad I_z = I_\zeta - a^2 \cdot A.$$

Auf diese Weise kann man sich in beiden Fällen die Ermittlung des statischen Momentes ersparen. Diese „Schwerachsen-Transformation" wird als Steinerscher Satz[54] bezeichnet und lautet etwa in Worten:

1) Das Trägheitsmoment einer Fläche um eine beliebige Achse ist gleich dem Trägheitsmoment um die parallele Schwerachse, vermehrt um das Produkt aus Fläche und dem Quadrat des Abstandes der beiden Achsen.

2) Das Trägheitsmoment einer Fläche um eine Schwerachse ist gleich dem Trägheitsmoment um eine beliebige parallele Achse, vermindert um das Produkt aus Fläche und dem Quadrat des Abstandes der beiden Achsen.

Mit Hilfe dieses Satzes kann man auch zwischen beliebigen Achsen transformieren, ohne dabei das statische Moment zu berechnen: Man transformiert zunächst von der alten Achse zur parallelen Schwerachse und dann von dieser zur neuen Achse (Bild 116):

$$I_p = I_q + (n^2 - m^2) \cdot A.$$

---

[54] Genannt nach Jacob Steiner (1796–1863), der ihn jedoch nicht als erster hergeleitet haben soll.

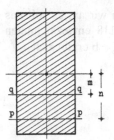

Bild 116
Transformation zwischen zwei Nicht-Schwerachsen

Wir erwähnen abschließend, dass man am Steinerschen Satz unmittelbar erkennt, dass von allen Trägheitsmomenten um parallele Achsen dasjenige um die Schwerpunktsachse am kleinsten ist.

Wir haben uns bisher in diesem Abschnitt mit axialen Trägheitsmomenten beschäftigt und diese für alle möglichen Bezugsachsen berechnet. In Kapitel 2 haben wir aber gesehen, dass im Zusammenhang mit der elastischen Biegung noch ein anderer Flächenwert von Interesse ist: Das Zentrifugal – oder Deviationsmoment

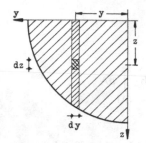

Bild 117
Das Zentrifugalmoment

$$I_{yz} = \int\limits_{(A)} y \cdot z \cdot dA \ .$$

Wir zeigen deshalb zunächst die Berechnung von I_{yz} und dann die entsprechende Transformationsvorschrift für parallele Achsenpaare. Als kleines Zahlenbeispiel berechnen wir das Zentrifugalmoment des im Bild 117 gezeigten Viertelkreises bezüglich der eingezeichneten Achsen. Mit $z^2 = r^2 - y^2$ ergibt sich

$$I_{yz} = \int\limits_{(A)} y \cdot z \cdot dA = \int\limits_0^r \int\limits_0^z y \cdot z \cdot dz \cdot dy = \frac{1}{2} \int\limits_0^r y \cdot z^2 \cdot dy = \frac{1}{2} \int\limits_0^r y \cdot (r^2 - y^2) \cdot dy = \frac{r^4}{8}$$

Auf diese Weise kann das Zentrifugalmoment jeder analytisch fassbaren Fläche bezüglich geeigneter Achsen unschwer bestimmt werden. Mit ihrer Hilfe kommt man zu Zentrifugalmomenten bezüglich anderer Achsen, wenn man die Transformationsvorschrift anwendet, die wir jetzt kurz herleiten. Nehmen wir an, es soll das Zentrifugalmoment des Viertelkreises bezüglich der in Bild 118 eingezeichneten Achsen y und z berechnet werden. Wegen $y = \eta + a$ und $z = \zeta + b$ ergibt sich

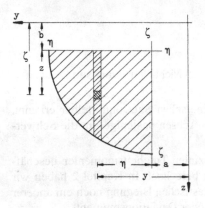

Bild 118
Zur Transformation des Zentrifugalmoments

$$I_{yz} = \int\limits_{(A)} y \cdot z \cdot dA = \int\limits_{(A)} (\eta + a) \cdot (\zeta + b) \cdot dA$$

$$= \int\limits_{(A)} (\eta \cdot \zeta + b \cdot \eta + a \cdot \zeta + a \cdot b) \cdot dA$$

$$= \int\limits_{(A)} \eta \cdot \zeta \cdot dA + b \cdot \int\limits_{(A)} \eta \cdot dA + a \cdot \int\limits_{(A)} \zeta \cdot dA + a \cdot b \cdot \int\limits_{(A)} dA$$

$$I_{yz} = I_{\eta\zeta} + b \cdot S_\zeta + a \cdot S_\eta + a \cdot b \cdot A$$

Ebenso wie beim axialen Trägheitsmoment lässt sich auch das Zentrifugalmoment angeben nicht nur als Funktion der statischen Momente in Bezug auf die „alten" Achsen sondern auch als Funktion der statischen Momente in Bezug auf die „neuen" Achsen. Es ergibt sich

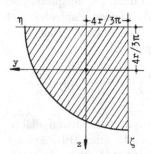

Bild 119

$I_{yz} = I_{\eta\zeta} + b \cdot S_\zeta + a \cdot S_\eta - a \cdot b \cdot A.$

Wird also von Schwerpunktsachsen fort transformiert, so gilt wegen $S_\zeta = S_\eta = 0$

$I_{yz} = I_{\eta\zeta} + a \cdot b \cdot A,$ *

wird zu Schwerpunktsachsen hin transformiert, so gilt wegen $S_y = S_z = 0$

$I_{yz} = I_{\eta\zeta} - a \cdot b \cdot A$**

Dabei sind jedes Mal ζ, η die „alten" Achsen und x, y die „neuen". In Worten besagt Formel*. Das Zentrifugalmoment einer Fläche in Bezug auf ein beliebiges rechtwinkliges Achsenpaar y, z ist gleich dem Zentrifugalmoment bezüglich des parallel in den Schwerpunkt verschobenen Achsenpaares ζ, η, vermehrt um das Produkt aus Fläche und den Koordinaten des Schwerpunkte y = a und z = b. Entsprechend Formel**: Das Zentrifugalmoment einer Fläche in Bezug auf orthogonale Schwerpunktsachsen y, z ist gleich dem Zentrifugalmoment bezüglich eines beliebig parallel liegenden Achsenpaares ζ, η vermindert um das Produkt aus Fläche und den Koordinaten y = a und z = b des Ursprungs des ζ-η-Systems.

Damit ergibt sich z. B. für den Viertelkreis in Bezug auf die in Bild 118 eingezeichneten Schwerpunktachsen mit $a = -\dfrac{4r}{3\pi}$, $b = -\dfrac{4r}{3\pi}$, $A = \dfrac{1}{4}\pi r^2$ und $I_{\eta\zeta} = \dfrac{1}{8}r^4$ das Zentrifugalmoment

$$I_{yz} = I_{\eta\zeta} - a \cdot b \cdot A = \frac{1}{8}r^4 - \left(\frac{4r}{3\pi}\right)^2 \frac{1}{4}\pi r^2 = \left(\frac{1}{8} - \frac{4}{9\pi}\right)r^4 \approx -0,0165\,r^4.$$

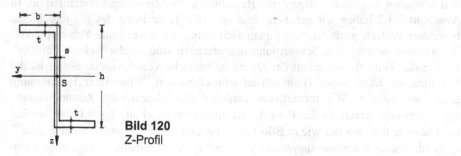

Bild 120
Z-Profil

Das klassische Beispiel in diesem Zusammenhang ist das Z-Profil. Verwendung der Bezeichnungen von Bild 119 und 120 liefert mit $A_1 = A_2 = b \cdot t$, $A_3 = (h - 2 \cdot t) \cdot s$,

$a_2 = -a_1 = \dfrac{b-s}{2}$, $a_3 = 0$, $b_1 = -b_2 = \dfrac{1}{2} \cdot (h - t)$, $b_3 = 0$ und $I_{1\eta\zeta} = I_{2\eta\zeta} = I_{3\eta\zeta} = 0$

die Formel

$$I_{yz} = \sum_{i=1}^{3} I_{iyz} = -2 \cdot b \cdot t \cdot \left(\frac{b-s}{2} \right) \cdot \left(\frac{h-t}{2} \right).$$

Das liefert für ein Z-200 mit b = 8 cm, h = 20 cm, t = 1,3 cm und s = 1 cm den Wert $I_{yz} = -681$ cm^4. Einer Profiltafel entnehmen wir den genauen Wert $I_{yz} = 674$ cm^4. Der Unterschied der Beträge ist darauf zurückzuführen, dass in unserer Formel die Ausrundung des Z-Profils nicht berücksichtigt wird. Der Vorzeichenwechsel erklärt sich durch die andere Anordnung des Profils in der Profiltafel (Oberer Flansch zeigt in Profiltafel nach rechts!).

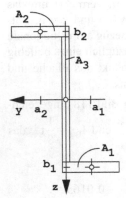

Bild 121

Wir schließen hiermit die allgemeine Berechnung von Zentrifugalmomenten ab. In Abschnitt 2.3.2 haben wir gesehen, dass sich die Behandlung des Biegeproblems besonders einfach gestaltet, wenn man sich dabei auf sogenannte Schwerpunkts-hauptachsen bezieht. Als Schwerpunktshauptachsen sind solche Achsen definiert, für die das Zentrifugalmoment der Querschnittsfläche verschwindet. Somit ist die Kenntnis der Lage dieser Hauptachsen wünschenswert.[55] Bei ihrer Bestimmung gehen wir so vor: Wir formulieren zunächst den allgemeinen Zusammenhang $I_{\eta\zeta} = f(\varphi)$ und berechnen dann aus der Bestimmungsgleichung $I_{\eta\zeta} = 0$ den Winkel φ_0. Dabei denken wir uns wie in Bild 122(a) gezeigt im Schwerpunkt einer Fläche[56] zwei identische Koordinatensysteme y, z und ζ, η übereinander angeordnet, von denen wir dann – Bild 122(b) – eines um den Winkel φ verdrehen. Dann gilt selbst-verständlich $I_{yz} = \int y \cdot z \cdot dA$ und $I_{\eta\zeta} = \int \eta \cdot \zeta \cdot dA$.

(A)

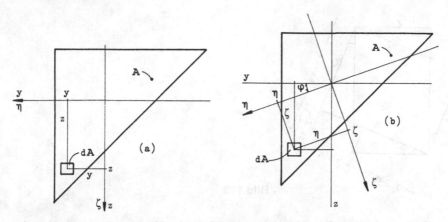

Bild 122 Zur Transformation von Flächenwerten

Bild 123, wo die Verhältnisse noch einmal übersichtlich dargestellt sind, liefert unmittelbar

$$\eta = y \cdot \cos \varphi + z \cdot \sin \varphi$$

$$\zeta = z \cdot \cos \varphi - y \cdot \sin \varphi.$$

Wir verarbeiten diese Beziehung in $I_{\eta\zeta} = \ldots$ und erhalten

$$I_{\eta\zeta} = \int\limits_{(A)} (y \cdot \cos \varphi + z \cdot \sin \varphi) \cdot (z \cdot \cos \varphi - y \cdot \sin \varphi) \cdot dA = \cos^2 \varphi \cdot \int\limits_{(A)} y \cdot z \cdot dA$$

$$- \sin \varphi \cdot \cos\varphi \cdot \int\limits_{(A)} y^2 \cdot dA + \sin \varphi \cdot \cos\varphi \cdot \int\limits_{(A)} z^2 \cdot dA - \sin^2 \varphi \cdot \int\limits_{(A)} y \cdot z \cdot dA =$$

$$I_{\eta\zeta} = I_{yz} \cdot (\cos^2\varphi - \sin^2\varphi) + (I_y - I_z) \cdot \sin\varphi \cdot \cos\varphi$$

$$I_{\eta\zeta} = I_{yz} \cdot \cos(2\varphi) + \frac{1}{2} \cdot (I_y - I_z) \cdot \sin(2 \cdot \varphi)$$

Die Bestimmungsgleichung $I_{\eta\zeta} = 0$ liefert also

$$\tan(2 \cdot \varphi_0) = -\frac{2 \cdot I_{yz}}{I_y - I_z} = \frac{2 \cdot I_{yz}}{I_z - I_y}.$$

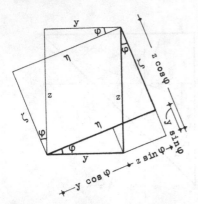

Bild 123

Man sieht unmittelbar: Die Abweichung $\tan(2\varphi_0)$ der Hauptachsen gegenüber den gewählten Bezugsachsen y und z ist proportional dem mit -1 multiplizierten Deviationsmoment, bezogen auf die halbe Differenz der axialen Trägheitsmomente. Dieser Satz erklärt die Bezeichnung Deviationsmoment, wenn man bedenkt, dass deviare das lateinische Wort für abweichen ist. Bei dieser Gelegenheit sei auch der Grund für die Bezeichnung Zentrifugalmoment erwähnt: Befestigt man eine ebene Figur (etwa ein Blechstück, Dicke t und spezifisches Gew. γ) im Schwerpunkt an einer in ihrer Ebene liegenden Achse y – y und versetzt dieses System (Bild 124) in Rotation (Winkelgeschwindigkeit ω_y), dann wirkt auf jedes Flächenelement die Zentrifugalkraft

$$dZ = dm \cdot r \cdot \omega_y^2 = \gamma \cdot t \cdot dA \cdot r \cdot \omega_y^2$$

$$dZ = \gamma \cdot t \cdot dA \cdot z \cdot \omega_y^2$$

Sie übt in Bezug auf den Schwerpunkt das Moment $dM_x = dZ \cdot y$ aus. Die Summe dieser kleinen (Dreh-) Momente beträgt

$$M_x = \gamma \cdot t \cdot \omega_y^2 \cdot \int y \cdot z \cdot dA = \gamma \cdot t \cdot \omega_y^2 \cdot I_{yz},$$

ist also proportional dem Zentrifugalmoment. Diese Analogie ermöglicht übrigens die experimentelle Bestimmung der Lage Hauptachsen: Wird eine Figur in solcher Weise an der y-Achse befestigt, dass sie um die x-Achse drehbar ist (eine Art kardanischer Aufhängung), dann kann das bei Rotation auftretende M_x nicht aufgenommen werden und die Fläche stellt sich dementsprechend so ein, dass M_x verschwindet; eine Hauptachse fällt dann mit der Drehachse zusammen.

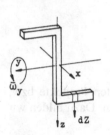

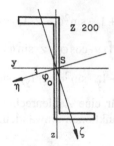

Bild 124   **Bild 125**

Wir zeigen hier als kleines Beispiel die Berechnung der Hauptachsen für das in Bild 125 gezeigte Profil Z-200 (Bezeichnungen siehe Bilder 120 und 121). Es ist

$$I_y = \sum_{i=1}^{3} I_{iy} = (A_1 + A_2) \cdot \left(\frac{h-t}{2}\right)^2 + \frac{s}{12} \cdot (h - 2 \cdot t)^3$$

$I_y = 2257$ cm^4 (Tafelwert $I_y = 2000$ cm^4)

$$I_z = \sum_{i=1}^{3} I_{iz} = (A_1 + A_2) \cdot \left(\frac{b-s}{2}\right)^2 + 2 \cdot \frac{t \cdot b^3}{12}$$

$I_z = 366$ cm^4 (Tafelwert $I_z = 357$ cm^4)   und

$I_{yz} = -681$ cm^4 (Tafelwert $I_{yz} = -674$ cm^4).

Damit ergibt sich:

$$\tan(2 \cdot \varphi_0) = +0,720; \quad \varphi_0 = 17,9° \text{ (Tafelwert } \varphi_0 = 17,4°).$$

Die entsprechende Lage der Hauptachsen ist in Bild 125 angegeben.

Auf diese Weise kann für jede Querschnittsform die Lage der Hauptachsen bestimmt werden. Es interessieren als nächstes die Werte der axialen Trägheitsmomente in Bezug auf diese Hauptachsen. Bei ihrer Ermittlung verfahren wir wie zuvor gezeigt: Wir formulieren zunächst den allgemeinen Zusammenhang $I_\eta = f(\varphi)$ und $I_\zeta = g(\varphi)$ und geben dann nach Bestimmung von φ_0 die speziellen Werte $I_\eta(\varphi_0)$ und $I_\zeta(\varphi_0)$ an. Allgemein gilt (siehe Bild 122) $I_\eta = \int \zeta^2 \cdot dA$ und $I_\zeta = \int \eta^2 \cdot dA$.

Mit (siehe Bild 123) $\eta = y \cdot \cos\varphi + z \cdot \sin\varphi$ und $\zeta = z \cdot \cos\varphi - y \cdot \sin\varphi$ ergibt das

$$I_\eta = \int (z \cdot \cos\varphi - y \cdot \sin\varphi)^2 \cdot dA$$

$$I_\eta = \cos^2\varphi \cdot \int z^2 \cdot dA - 2 \cdot \sin\varphi \cdot \cos\varphi \cdot \int y \cdot z \cdot dA + \sin^2\varphi \cdot \int y^2 \cdot dA$$

$$I_\eta = I_y \cdot \cos^2\varphi + I_z \cdot \sin^2\varphi - 2 \cdot I_{yz} \cdot \sin\varphi \cdot \cos\varphi \,,$$

und entsprechend $I_\zeta = \int (y \cdot \cos\varphi + z \cdot \sin\varphi)^2 \cdot dA$

$$I_\zeta = I_z \cdot \cos^2\varphi + I_y \cdot \sin^2\varphi + 2 \cdot I_{yz} \cdot \sin\varphi \cdot \cos\varphi \,.$$

Wir wollen hier die für eine Zahlenrechnung schlecht geeigneten Produkte bzw. Quadrate von Winkelfunktionen umwandeln in einfachere Größen. Dazu bilden wir zunächst

$$I_\eta + I_\zeta = I_y \cdot (\sin^2\varphi + \cos^2\varphi) + I_z \cdot (\sin^2\varphi + \cos^2\varphi) = I_y + I_z$$

$$I_\eta - I_\zeta = I_y \cdot (-\sin^2\varphi + \cos^2\varphi) + I_z \cdot (\sin^2\varphi - \cos^2\varphi) - 4 \cdot I_{yz} \cdot \sin\varphi \cdot \cos\varphi$$

Addition dieser beiden Gleichungen, liefert nach Division durch 2 und den Umformungen

$$\cos^2\varphi = \frac{1 + \cos(2 \cdot \varphi)}{2} \,, \sin^2\varphi = \frac{1 - \sin(2 \cdot \varphi)}{2} \,, 2 \cdot \sin\varphi \cdot \cos\varphi = \sin(2 \cdot \varphi)$$

$$I_\eta = \frac{1}{2} \cdot (I_y + I_z) + \frac{1}{2} \cdot (I_y - I_z) \cdot \cos(2 \cdot \varphi) - I_{yz} \cdot \sin(2 \cdot \varphi) \,.$$

Subtraktion liefert ebenso

$$I_\zeta = \frac{1}{2} \cdot (I_y + I_z) - \frac{1}{2} \cdot (I_y - I_z) \cdot \cos(2 \cdot \varphi) + I_{yz} \cdot \sin(2 \cdot \varphi) \,.$$

Damit sind die allgemeinen Transformationsgleichungen gefunden. Es sollen jetzt die speziellen Werte für $\varphi = \varphi_0$ bestimmt werden. Die Verwendung der bekannten Beziehungen

$$\sin(2 \cdot \varphi_0) = \frac{\tan(2 \cdot \varphi_0)}{\sqrt{1 + \tan^2(2 \cdot \varphi_0)}} \quad \text{und} \quad \cos(2 \cdot \varphi_0) = \frac{1}{\sqrt{1 + \tan^2(2 \cdot \varphi_0)}}$$

liefert zunächst, wenn man für $\tan(2 \cdot \varphi_0)$ den o.a. Ausdruck einsetzt,

$$\sin(2 \cdot \varphi_0) = \frac{\dfrac{-2 \cdot I_{yz}}{(I_y - I_z)}}{\sqrt{1 + \dfrac{4 \cdot I_{yz}^2}{(I_y - I_z)^2}}} = \frac{-2 \cdot I_{yz}}{\sqrt{(I_y - I_z)^2 + 4 \cdot I_{yz}^2}}$$

$$\cos(2 \cdot \varphi_0) = \ldots\ldots = \frac{I_y - I_z}{\sqrt{(I_y - I_z)^2 + 4 \cdot I_{yz}^2}} \,.$$

Die Verarbeitung dieser Ausdrücke liefert dann unmittelbar

$$I_\eta(\varphi_0) = \frac{1}{2} \cdot (I_y + I_z) + \frac{1}{2} \cdot \sqrt{(I_y - I_z)^2 + 4 \cdot I_{yz}^2}$$

$$I_\zeta(\varphi_0) = \frac{1}{2} \cdot (I_y + I_z) - \frac{1}{2} \cdot \sqrt{(I_y - I_z)^2 + 4 \cdot I_{yz}^2} \ .$$

Für das oben untersuchte Profil Z 200 stellen wir die Funktionen $I_\eta(\varphi)$ und $I_\zeta(\varphi)$ sowie $I_{\eta\zeta}(\varphi)$ graphisch dar (Bild 126)

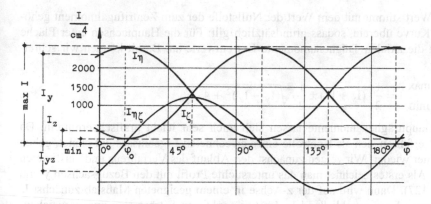

Bild 126 Verlauf der Flächenträgheitsmomente

und berechnen die Werte $I_\eta(\varphi_0)$ und $I_\zeta(\varphi_0)$. Es ergibt sich

$$I_\eta(\varphi_0) = \frac{1}{2}(2257 + 366) + \frac{1}{2}\sqrt{(2257 - 366)^2 + 4 \cdot 681^2} = 1312 + 1165$$

$$= 2477 \ cm^4$$

(Tafelwert $2510 \ cm^4$)

$$I_\zeta(\varphi_0) = 1312 - 1165 = 147 \ cm^4 \ \text{(Tafelwert 147 } cm^4 \text{)}.$$

An Bild 126 fällt auf, dass es sich bei $I_\eta(\varphi_0)$ und $I_\zeta(\varphi_0)$ um Extremwerte handelt. Dies lässt sich allgemein zeigen. Wir differenzieren dazu $I_\eta(\varphi)$ und/oder $I_\zeta(\varphi)$ nach φ und bestimmen aus der Bedingung $dI_\eta/d\varphi = 0$ den zum Extremum gehörenden Wert von φ. Mit

$$I_\eta(\varphi) = \frac{1}{2} \cdot (I_y + I_z) + \frac{1}{2} \cdot (I_y - I_z) \cdot \cos(2 \cdot \varphi) - I_{yz} \cdot \sin(2 \cdot \varphi)$$

ergibt sich

$$\frac{dI_\eta(\varphi)}{d\varphi} = -(I_y - I_z) \cdot \sin(2 \cdot \varphi) - 2 \cdot I_{yz} \cdot \cos(2 \cdot \varphi).$$

$\dfrac{dI_\eta(\varphi)}{d\varphi} = 0$ liefert unmittelbar

$$\tan(2\varphi_0) = -\frac{2 \cdot I_{yz}}{(I_y - I_z)}.$$

Dieser Wert stimmt mit dem Wert der Nullstelle der zum Zentrifugalmoment gehörenden Kurve überein, sodass grundsätzlich gilt: Für die Hauptachsen einer Fläche nehmen die axialen Trägheitsmomente Extremwerte an. Damit können wir schreiben

$$\begin{matrix} \max \\ \min \end{matrix} \ I = \frac{1}{2} \cdot (I_y + I_z) \pm \frac{1}{2} \cdot \sqrt{(I_y - I_z)^2 + 4 \cdot I_{yz}^2}.$$

Diese Hauptträgheitsmomente lassen sich auch sehr leicht grafisch ermitteln. Da dieses Verfahren sich als Kontrolle eines errechneten Ergebnisses gut eignet, geben wir es hier wieder. Wir zeigen zunächst den Ablauf des Verfahrens und verifizieren dann. – Als erstes zeichnet man das untersuchte Profil mit den Bezugsachsen y und z (Bild 127). Dann wird auf der z-Achse in einem geeigneten Maßstab zunächst I_y abgetragen, daran anschließend I_z. Im Endpunkt von I_z trägt man nun vorzeichenrichtig[57] das Zentrifugalmoment I_{yz} senkrecht zur z-Achse ein und findet so den Hauptpunkt H. Halbierung des Abschnittes $I_y + I_z$ liefert Punkt M, den Mittelpunkt des Mohrschen Trägheitskreises[58], der nun gezeichnet wird. Man verbindet dann H mit M und verlängert diese Linie in beiden Richtungen bis zum Schnittpunkt mit dem Kreisbogen. Die so entstehenden Abschnitte repräsentieren die Hauptträgheitsmomente. Verbindung der beiden Schnittpunkte mit dem Schwerpunkt liefert die Hauptachsen. Nun zur Verifikation. Wegen $I_y + I_z = I_\eta + I_\zeta = \max I + \min I$ liegt es nahe, diese Summe als Durchmesser eines Kreises zu deuten, dessen Halbmesser dann z.B. ½ $(I_y + I_z)$ ist. Der Wurzelausdruck lässt sich nach Pythagoras darstellen als Hypotenuse in einem rechtwinkligen Dreieck, dessen Katheten ½ $(I_y - I_z)$ und I_{yz} sind. Damit ergibt sich

---

[57] Ein positives I_{yz} wird in Richtung positiver y-Werte eingetragen.

[58] So genannt nach Otto Mohr (1835–1918).

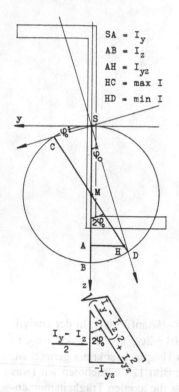

SA = I_y
AB = I_z
AH = I_{yz}
HC = max I
HD = min I

Bild 127
Zeichnerische Ermittlung der Hauptträgheitsmomente und der Hauptachsen

max I = Halbmesser + Hypotenuse

und

min I = Halbmesser − Hypotenuse.

Der Tangens des Zentriwinkels ergibt sich (in einem rechtwinkligen Dreieck) als Quotient von Gegenkathete und Ankathete; er ist doppelt so groß wie der zugehörige Umfangswinkel. Somit stellt das eingezeichnete gedrehte Achsenkreuz tatsächlich die Hauptachsen dar. Wir kehren kurz zurück zu Bild 126 und stellen fest, dass es eine weitere ausgezeichnete Orientierung des Achsenkreuzes gibt: Für einen bestimmten Winkel φ1 nimmt das Zentrifugalmoment seinen größten oder kleinsten Wert an. Wir finden ihn wie üblich aus der Bedingung $dI_{\eta\zeta}/d\varphi = 0$.

$$\frac{dI_{\eta\zeta}}{d\varphi} = -2 \cdot I_{yz} \cdot \sin(2 \cdot \varphi) + (I_y - I_z) \cdot \cos(2 \cdot \varphi) = 0$$

$$\rightarrow \tan(2 \cdot \varphi_1) = \frac{I_y - I_z}{+2 \cdot I_{yz}}$$

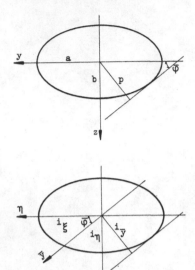

Bild 128
Trägheits-Ellipse

Ein Vergleich mit $\tan(2 \cdot \varphi_0) = \ldots$ zeigt $\tan(2 \cdot \varphi_0) = -1/\tan(2 \cdot \varphi_1)$. In der analytischen Geometrie wird gezeigt, dass dann gilt $2\varphi_1 = 90° + 2\varphi_0$, also $\varphi_1 = 45° + \varphi_0$. In Worten: Für ein Achsenkreuz, das um $45°$ gegen das Hauptachsenkreuz geneigt ist, nimmt das Zentrifugalmoment einen Extremwert an. Bild 126 entnehmen wir (was auch eine analytische Untersuchung sofort zeigt), dass die axialen Trägheitsmomente in Bezug auf diese Achsen nicht verschwinden.

Zahlenbeispiel. Für die in der Abbildung dargestellten Fläche sind die Hauptträgheitsmomente zu bestimmen.

Die Teilflächen A_i sind in der Abbildung angegeben, die Bezugsachsen $\bar{y}$, $\bar{z}$ zur Schwerpunktbestimmung werden durch den Schwerpunkt einer Teilfläche gelegt, dann sind die statischen Momente dieser Teilfläche gleich Null, und die Rechnung vereinfacht sich.

$A_1 = 2 \cdot 3 = 6\,\text{cm}^2$; $\quad A_2 = 12 \cdot 1 = 12\,\text{cm}^2$; $\quad A_3 = 2 \cdot 9 = 18\,\text{cm}^2$;

$A = \sum A_i = 36\,\text{cm}^2$

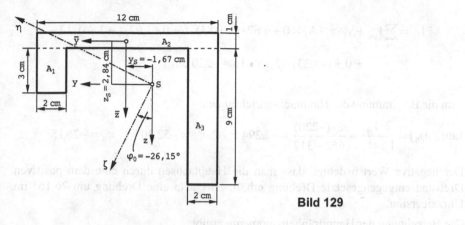

Bild 129

Bestimmung des Flächenschwerpunktes:

$$\overline{y}_s = \frac{1}{A} \cdot \sum_{i=1}^{3} \overline{y}_{si} \cdot A_i = \frac{5,0 \cdot 6 + 0 \cdot 12 + (-5,0) \cdot 18}{36} = -1,67 \, \text{cm}$$

$$\overline{z}_s = \frac{1}{A} \cdot \sum_{i=1}^{3} \overline{z}_{si} \cdot A_i = \frac{2,0 \cdot 6 + 0 \cdot 12 + 5 \cdot 18}{36} = 2,84 \, \text{cm}$$

Die Schwerpunktskoordinaten der Teilflächen A_i sind mit

$$y_i = \overline{y}_i - \overline{y}_s \qquad \text{und} \qquad z_i = \overline{z}_i - \overline{z}_s$$

$y_1 = 5,0 - (-1,67) = 6,67 \, \text{cm}$ $z_1 = 2,0 - 2,84 = -0,84 \, \text{cm}$

$y_2 = 0,0 - (-1,67) = 1,67 \, \text{cm}$ $z_2 = 0,0 - 2,84 = -2,84 \, \text{cm}$

$y_3 = -5,0 - (-1,67) = -3,33 \, \text{cm}$ $z_3 = 5,0 - 2,84 = -2,16 \, \text{cm}$

Die Berechnung von I_y, I_z und I_{yz} ergibt:

$$I_y = \sum_{i=1}^{3} I_{yi} + z_i^2 \cdot A_i = \frac{2 \cdot 3^3}{12} + (-0,84)^2 \cdot 6 + \frac{12 \cdot 1^3}{12} + (-2,84)^2 \cdot 12 +$$

$$+ \frac{2 \cdot 9^3}{12} + 2,16^2 \cdot 18 = 312 \, \text{cm}^4$$

$$I_z = \sum_{i=1}^{3} I_{zi} + y_i^2 \cdot A_i = \frac{3 \cdot 2^3}{12} + 6,67^2 \cdot 6 + \frac{1 \cdot 12^3}{12} + 1,67^2 \cdot 12 +$$

$$+ \frac{9 \cdot 2^3}{12} + (-3,33)^2 \cdot 18 = 652 \, \text{cm}^4$$

$$I_{yz} = \sum_{i=1}^{3} I_{yzi} + y_i \cdot z_i \cdot A_i = 0 + 6{,}67 \cdot (-0{,}84) \cdot 6 + 0 + 1{,}67 \cdot (-2{,}84) \cdot 12 +$$

$$+ 0 + (-3{,}33) \cdot 2{,}16 \cdot 18 = -220 \ \text{cm}^4$$

Nun die Bestimmung der Hauptachsenrichtungen:

$$\tan(2 \cdot \varphi_0) = \frac{2 \cdot I_{yz}}{I_z - I_y} = \frac{2 \cdot (-220)}{652 - 312} = -1{,}294 \ ; \quad 2 \cdot \varphi_0 = -52{,}30° \ ; \quad \varphi_0 = -26{,}15°$$

Der negative Wert bedeutet, dass man die Hauptachsen durch eine dem positiven Drehsinn entgegengesetzte Drehung erhält. Hier also eine Drehung um 26,15° im Uhrzeigersinn.

Die Berechnung der Hauptträgheitsmomente ergibt:

$$I_\eta = (I_y + I_z) \cdot 0{,}5 + (I_y - I_z) \cdot 0{,}5 \cdot \cos(2 \cdot \varphi_0) - I_{yz} \cdot \sin(2 \cdot \varphi_0) = (312 + 652)/2 +$$

$$+(312 - 652)/2 \cdot \cos(-52{,}3°) - (-220) \cdot \sin(-52{,}3°) = 482 - 104 - 174$$

$$I_\eta = 204 \ \text{cm}^4$$

$$I_\zeta = 482 + 104 + 174 = 760 \ \text{cm}^4$$

Kontrolle: $I_\eta + I_\zeta = I_y + I_z = 204 + 760 = 312 + 652 = 964 \ \text{cm}^4$

Bevor wir die Trägheitsmomente verlassen, erinnern wir noch an eine in Abschnitt 2.4.1 gezeigte Tatsache: Der Quotient aus einem Hauptträgheitsmoment und dem statischen Moment des auf einer Seite der entsprechenden Hauptachse liegenden Querschnittsteiles (bezogen auf diese Hauptachse) liefert den Hebelarm der inneren Kräfte, die einem Biegemoment äquivalent sind.

In Abschnitt 2.7.2 haben wir den Trägheitsradius eingeführt: $i = \sqrt{I/A}$.

Die Bezeichnung Radius deutet darauf hin, dass es sich dabei um ein Maß eines Kreises oder doch jedenfalls einer Ellipse handelt[59]. Tatsächlich ist dies so. Im Rahmen der ebenen analytischen Geometrie wird für den Abstand p einer Tangente an die Ellipse

$$\left(\frac{y}{a}\right)^2 + \left(\frac{z}{b}\right)^2 = 1$$

vom Ellipsenmittelpunkt die Beziehung (Bild 128) $p^2 = a^2 \cdot \sin^2\overline{\varphi} + b^2 \cdot \cos^2\overline{\varphi}$

---

[59] Der zu einem Ellipsenpunkt gehörende Radius ist definiert als der senkrechte Abstand der in diesem Punkt an die Ellipse gelegten Tangente vom Mittelpunkt.

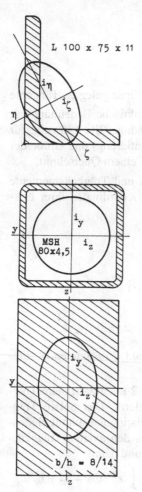

Bild 130
Trägheits-Ellipsen für einige Profile

angegeben. Diese Beziehung zeigt den gleichen Aufbau wie die Transformationsgleichung für axiale Trägheitsmomente, wenn man von Hauptachsen ausgeht[60]:

$$I_{\overline{y}} = I_\eta \cdot \cos^2\overline{\varphi} + I_\zeta \cdot \sin^2\overline{\varphi}.$$

Division durch A liefert

$$i_{\overline{y}}^2 = i_\eta^2 \cdot \cos^2\overline{\varphi} + i_\zeta^2 \cdot \sin^2\overline{\varphi}$$

---

[60] Die η-Achse ist dann also eine Hauptachse, sodass gilt $I_{\eta\zeta} = 0$.

Der Trägheitsradius stellt also in einer Ellipse

$$\left(\frac{\eta}{i_\eta}\right)^2 + \left(\frac{\zeta}{i_\zeta}\right)^2 = 1$$

tatsächlich den Abstand der unter dem Winkel $\overline{\phi}$ an die Ellipse gelegten Tangente vom Mittelpunkt dar. Wenn dieser Umstand auch keine praktische Bedeutung hat, so trägt er doch bei zur Veranschaulichung des Trägheitsradius. Bild 130 zeigt für einige Profile die Zentralellipse. Form (Fülligkeit und Orientierung) und Größe der Ellipse sind kennzeichnend für die Trägheitsverhältnisse bei einem Querschnitt.

Abschließend erwähnen wir, dass sich Zentrifugalmoment und Trägheitsmomente polygonale beranderter Flächen auch aus den kartesischen Koordinaten ihrer Eckpunkte berechnen lassen. Dabei gelten die Formeln

$$I_y = \frac{1}{12} \cdot \sum_{i=1}^{n} (y_i \cdot z_{i+1} - y_{i+1} \cdot z_i) \cdot [(z_i + z_{i+1})^2 - z_i \cdot z_{i+1}]$$

$$I_z = \frac{1}{12} \cdot \sum_{i=1}^{n} (y_i \cdot z_{i+1} - y_{i+1} \cdot z_i) \cdot [(y_i + y_{i+1})^2 - y_i \cdot y_{i+1}]$$

$$I_{yz} = \frac{1}{24} \cdot \sum_{i=1}^{n} (y_i \cdot z_{i+1} - y_{i+1} \cdot z_i) \cdot (2y_i \cdot z_i + y_i \cdot z_{i+1} + y_{i+1} \cdot z_i + 2 \cdot y_{i+1} \cdot z_{i+1})$$

Wie bereits früher erwähnt, fällt Punkt n + 1 dabei mit Punkt 1 zusammen. Bezüglich des Umlaufsinns siehe Abschnitt 3.1.

Neben dem axialen Trägheitsmoment haben wir in Kapitel 2 noch das polare Trägheitsmoment und das Torsionsträgheitsmoment kennengelernt. Das polare Trägheitsmoment, das mechanisch nur beim Kreis – bzw. Kreisringquerschnitt Bedeutung hat, lässt sich für beliebig geformte Querschnitte aus den axialen Trägheitsmomenten bestimmen. Wie Bild 131 zeigt, gilt $r^2 = y^2 + z^2$ und damit

$$I_p = \int_{(A)} r^2 \cdot dA = \int_{(A)} (y^2 + z^2) \cdot dA = \int_{(A)} y^2 \cdot dA + \int_{(A)} z^2 \cdot dA = I_z + I_y \; .$$

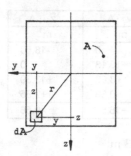

Bild 131
Polares Trägheitsmoment

In Worten: Das polare Trägheitsmoment einer beliebig geformten Fläche ist gleich der Summe ihrer axialen Trägheitsmomente bezüglich zweier orthogonaler Achsen.

Wir wenden diese Rechenvorschrift an auf den Kreis. Für den Halbkreis haben wir oben ermittelt (Bild 110) $I_y = \dfrac{1}{8} \cdot \pi \cdot r^4$, für den Vollkreis gilt dann $I_y = \dfrac{1}{4} \cdot \pi \cdot r^4$.

Das polare Trägheitsmoment eines Vollkreises beträgt damit $I_p = \dfrac{1}{2} \cdot \pi \cdot r^4$. Dieser Wert stimmt mit dem in Abschnitt 2.5 berechneten tatsächlich überein. Was das Torsionsmoment anbetrifft, so wird auf das in den Abschnitten 2.5 bis 2.5.4 und auf die Zusammenfassung dieses Kapitels verwiesen.

Zahlenbeispiel. Man bestimme die Schwerpunktlage der unten dargestellten Fläche. Die Berechnung erfolgt anschließend in Tabellenform.

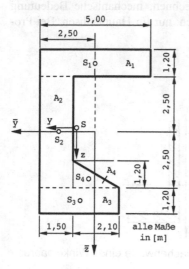

Bild 132

i	A_i	$\overline{y}_i$	$\overline{z}_i$	$\overline{y}_i \cdot A_i$	$\overline{z}_i \cdot A_i$
–	m^2	m	m	m^3	m^3
1	6,00	0	-3,10	0	-18,60
2	7,50	+1,75	0	+13,13	0
3	4,32	+0,70	+3,10	+3,02	+13,39
4	1,26	+0,30	+2,10	+0,38	+2,65
$\Sigma =$	19,08	–	–	+16,53	–2,56

$$\overline{y}_s = +16,53/19,08 = +0,87 \text{ m}; \qquad \overline{z}_s = -2,56/19,08 = -0,13 \text{ m}$$

3.4 Das Widerstandsmoment und der Kern

In Abschnitt 2.3.2 wurde bei der Ermittlung der zu einem Biegemoment gehörenden Spannungen das Widerstandsmoment W eingeführt. Die Widerstandsmomente einer Fläche in Bezug auf eine Achse ergeben sich als Quotient aus dem Trägheitsmoment der Fläche um diese Achse und den (beiden) größten Abständen der Berandung der Fläche von dieser Achse. Mit den Bezeichnungen von Bild 133 z.B. ergibt sich

$$W_{\eta 1} = I_\eta / w_1 \qquad\qquad W_{\zeta 1} = I_\zeta / v_1$$
$$W_{\eta 2} = I_\eta / w_2 \qquad\qquad W_{\zeta 2} = I_\zeta / v_2.$$

Von den beiden Widerstandsmomenten um eine Achse ist bei Biegung ohne Längskraft nur das kleinere von Interesse, weil es zu den größeren Spannungen führt. Aus diesem Grunde ist in den Profiltafeln i.A. auch nur dieses kleinere angegeben, und zwar stets ohne Vorzeichen, also nur betragsmäßig. Zwar lassen sich Widerstandsmomente formal für alle möglichen Achsen berechnen, mechanische Bedeutung haben sie nur für Schwerachsen, ja, man kann sagen: nur für Hauptachsen. Bei Pro-

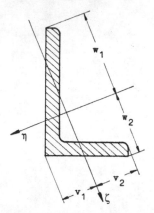

Bild 133 Widerstandsmomente

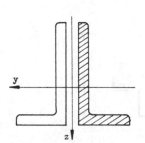

Bild 134 Flächenwerte eines Winkelpaares

filen, die in der Praxis i.A. nur paarweise verwendet werden (wie etwa L-Profile), sind in den Profiltafeln auch die Widerstandsmomente bezüglich der gemeinsamen Hauptachse(n) angegeben (Bild 134). Der Gedanke liegt nahe, dass mit einer Maximierung des Trägheitsmomentes immer eine Maximierung des entsprechenden Widerstandsmomentes einhergeht. Dass dies nicht allgemein gilt, zeigt der in Bild 134a dargestellte Querschnitt. Man erkennt das schon ohne Rechnung: Wenn man ausgehend vom oben gezeigten Rautenstumpf allmählich zur Vollraute übergeht, nimmt das Trägheitsmoment fortwährend zu. Der Zuwachs allerdings nimmt fortwährend ab bzw. wird laufend kleiner. Da der Randabstand gleichmäßig zunimmt, muss das Widerstandsmoment irgendwo ein Maximum erreichen und dann wieder abnehmen, bei der rechnerischen Behandlung liegt es nahe, den Rautenstumpf als Differenz von (Voll-) Raute und zwei Dreiecken zu behandeln. Dann ergibt sich

$$I_y = 2 \cdot \left[\frac{B \cdot H^3}{12} - \left[\frac{b \cdot h^3}{36} + \frac{b \cdot h}{2} \left(H - \frac{2}{3} \cdot h \right)^2 \right] \right] \text{ und}$$

$$W_y = \frac{I_y}{(H-h)} = \frac{2}{H-h} \cdot \left[\frac{B \cdot H^3}{12} - ... \right].$$

Man kann nun das Widerstandsmoment als Funktion von h auffassen und den zu max W_y gehörenden Wert h_0 aus der Bedingung $dW_y/dh = 0$ berechnen. Diese Rechnung ist möglich, aber mühsam. Es ist auch möglich die Werte für W_y für verschiedene Zahlenwerte z. B. mit dem Tabellenkalkulationsprogramm Excel auszuwerten und dann das maximale Widerstandsmoment W_y zu bestimmen. Man erhält dann das maximale Widerstandsmoment für $h/H = 1/9$.

In Abschnitt 2.7.2 haben wir die Begriffe Kern und Kernweite kennengelernt. Die zu einer Schwerpunktsachse gehörende (also in einer Skizze senkrecht zu ihr anzutragende) Kernweite ist definiert als Quotient aus dem Widerstandsmoment um diese Achse und den Flächeninhalt, sie stellt also das auf die Fläche bezogene je-

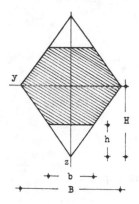

Bild 134a
Flächenwerte eines Rautenstumpfes

weilige Widerstandsmoment dar. Dementsprechend lässt sich bei doppelsymmetrischen Querschnitten die zu einer Hauptachse gehörende Kernweite deuten als ein Maß für den Wirkungsgrad eines Profils im Hinblick auf dessen Widerstand gegen Zerstörung durch Biegemomente (Bild 135). Die Bestimmung von Kernpunkten für beliebig geformte Flächen ist in Abschnitt 2.7.2 angegeben. Dort haben wir auch die mechanische Bedeutung des Kernes bei der Beanspruchung eines Profils durch ausmittige Längskräfte gezeigt: Greift eine Längskraft innerhalb des Kernes einer Querschnittsfläche an, so wirken auf der ganzen Querschnittsfläche Spannungen eines und desselben Vorzeichens.

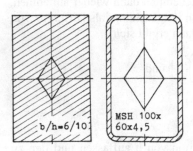

Bild 135
Kerne zweier Querschnitte mit gleichen Außenabmessung

Wir erwähnen abschließend, dass es natürlich zwischen dem Kern und der Zentralellipse Zusammenhänge gibt. Zunächst gilt für die Kernweiten auf den Hauptachsen

$$k_{zl} = -\frac{W_{zl}}{A} = -\frac{I_z}{e_{zl} \cdot A} = -\frac{i_z^2}{e_{zl}} \quad \text{und} \quad k_{zr} = -\frac{i_z^2}{e_{zr}},$$

$$k_{yu} = -\frac{W_{yu}}{A} = -\frac{I_y}{e_{yu} \cdot A} = -\frac{i_y^2}{e_{yu}} \quad \text{und} \quad k_{yo} = -\frac{i_y^2}{e_{yu}}.$$

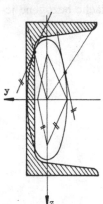

Bild 136
Beziehungen zwischen Kern und Zentral-Ellipse

Mit diesen Beziehungen können die Kernpunkte auf den Hauptachsen unmittelbar festgelegt werden. Wir wenden uns nun Bild 136 zu und behaupten, dass die beiden eingezeichneten Tangenten an die Zentral – Ellipse den entsprechend markierten Kernrändern parallel sind. Beweis: In der analytischen Geometrie wird der Richtungsfaktor einer Ellipsen-Tangente (Berührungspunkt $P(y_1,z_1)$) angegeben mit $m_t = -b^2 y_1/(a^2 y_1)$, in unserem Fall also $m_t = -i_y^2 \cdot y_1/(i_z^2 \cdot z_1)$. Der Richtungsfaktor etwa der linken, unteren Kernberandung beträgt $m = -(i_y^2/e_{yo})/(i_z^2/e_{zo})$. Wegen $y_1/z_1 = e_{zo}/e_{yo}$ stimmen beide Richtungsfaktoren miteinander überein, die entsprechenden Geraden sind also parallel.

Tafel 8 Übersicht Flächenwerte

Fläche	$A = \int\limits_{(A)} dA$	$A = \dfrac{1}{2} \cdot \sum\limits_{i=1}^{n}(y_i \cdot z_{i+1} - y_{i+1} \cdot z_i)$
statisches Moment	$S_y = \int\limits_{(A)} z \cdot dA$	$S_y = \dfrac{1}{6} \cdot \sum\limits_{i=1}^{n}(y_i \cdot z_{i+1} - y_{i+1} \cdot z_i) \cdot (z_i + z_{i+1})$
	$S_z = \int\limits_{(A)} y\, dA$	$S_z = \dfrac{1}{6} \cdot \sum\limits_{i=1}^{n}(y_i \cdot z_{i+1} - y_{i+1} \cdot z_i) \cdot (y_i + y_{i+1})$
axiales Trägheitsmoment	$I_y = \int\limits_{(A)} z^2 \cdot dA$	$I_y = \dfrac{1}{12} \cdot \sum\limits_{i=1}^{n}(y_i \cdot z_{i+1} - y_{i+1} \cdot z_i) \cdot$ $\cdot (z_i^2 + z_i \cdot z_{i+1} + z_{i+1}^2)$
	$I_z = \int\limits_{(A)} y^2 \cdot dA$	$I_z = \dfrac{1}{12} \cdot \sum\limits_{i=1}^{n}(y_i \cdot z_{i+1} - y_{i+1} \cdot z_i) \cdot$ $\cdot (y_i^2 + y_i \cdot y_{i+1} + y_{i+1}^2)$
Zentrifugalmoment oder Deviationsmoment	$I_{yz} = \int\limits_{(A)} y \cdot z \cdot dA$	$I_{yz} = \dfrac{1}{24} \cdot \sum\limits_{i=1}^{n}(y_i \cdot z_{i+1} - y_{i+1} \cdot z_i) \cdot$ $\cdot (2 \cdot y_i \cdot z_i + y_i \cdot z_{i+1} + y_{i+1} \cdot z_i + 2 \cdot y_{i+1} \cdot z_{i+1})$
polares Trägheitsmoment	$I_p = \int\limits_{(A)} r^2 \cdot dA$	$I_p = I_y + I_z$

Tafel 8 Übersicht Flächenwerte

Schwerpunktsabstand	$a_y = \dfrac{S_y}{A}$ $a_z = \dfrac{S_z}{A}$	
Neigung der Hauptachsen gegenüber beliebigen Schwerpunktsachsen y, z		$\tan(2 \cdot \varphi_0) = -\dfrac{2 \cdot I_{yz}}{(I_y - I_z)}$
Neigung der Achsen mit größtem Deviationsmoment gegenüber beliebigen Schwerachsen		$\tan(2 \cdot \varphi_1) = \dfrac{(I_y - I_z)}{2 \cdot I_{yz}}$

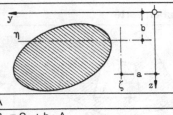

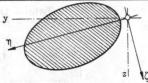

A	A
$S_y = S_\eta + b \cdot A$	$S_\eta = S_y \cdot \cos\varphi - S_z \cdot \sin\varphi$
$S_z = S_\zeta + a \cdot A$	$S_\zeta = S_z \cdot \cos\varphi + S_y \cdot \sin\varphi$
$I_y = I_\eta + 2 \cdot b \cdot S_\eta + b^2 \cdot A$ $= I_\eta + 2 \cdot b \cdot S_y - b^2 \cdot A$	$I_\eta = \dfrac{I_y + I_z}{2} + \dfrac{I_y - I_z}{2} \cdot \cos(2 \cdot \varphi) - I_{yz} \cdot \sin(2 \cdot \varphi)$
$I_z = I_\zeta + 2 \cdot a \, S_\zeta + a^2 \cdot A = I_\zeta + 2 \cdot a \cdot S_z$ $- a^2 \cdot A$	$I_\zeta = \dfrac{I_y + I_z}{2} - \dfrac{I_y - I_z}{2} \cdot \cos(2 \cdot \varphi) + I_{yz} \cdot \sin(2 \cdot \varphi)$
$I_{yz} = I_{\eta\zeta} + b \cdot S_z + a \cdot S_y - a \cdot b \cdot A$	$I_{\eta\zeta} = \dfrac{I_y - I_z}{2} \cdot \sin(2\varphi) + I_{yz} \cdot \cos(2\varphi)$
$I_p = I_y + I_z$	$I_p = I_\eta + I_\zeta$

Aktuell für Schwerpunktshauptachsen:
Widerstandsmomente: $W_{yo} = I_y/e_o$; $W_{yu} = I_y/e_u$; $W_{zl} = I_z/e_l$; $W_{zr} = I_z/e_r$
Hebelarm der inneren Kräfte: $s_y = I_y/S_y$; $s_z = I_z/S_z$.
Dabei ist z.B. S das statische Moment der auf einer Seite der y-Achse liegenden Teilfläche bezüglich dieser Achse.
Trägheitsradius: $i_y = \sqrt{I_y/A}$; $i_z = \sqrt{I_z/A}$.
Kernweiten: $k_{yo} = -W_{yo}/A$; $k_{yu} = -W_{yu}/A$; $k_{zl} = -W_{zl}/A$; $k_{zr} = -W_{zr}/A$;

Zusammenfassung von Kapitel 3.

In diesem Kapitel haben wir die Berechnung und Bedeutung verschiedener Flächenwerte näher kennengelernt. Aus den Grundgrößen

Flächeninhalt	A
statisches Moment	S
axiales Trägheitsmoment	I_y, I_z
Zentrifugalmoment oder Deviationsmoment	I_{yz}

können die abgeleiteten Größen

polares Trägheitsmoment	$I_p = I_y + I_z$
Widerstandsmoment	$W_y = I_y/e_y$
Schwerpunktsabstand	$e_a = S_a/A$
Neigung der Hauptachsen	$\tan(2\alpha_0) = -2\,I_{yz}/(I_y - I_z)$
Trägheitsradius	$i_y = \sqrt{I_y/A}$
Kernweite	$k_y = -W_y/A = -i_y^2/e_y$
Hebelarm der inneren Kräfte	$s_y = I_y/S_y$

berechnet werden. Hinzu kommen Torsionsträgheitsmoment I_t und Torsionswiderstandsmoment W_t. Die Berechnung der Grundgrößen für eine beliebig geformte Querschnittsfläche mit abschnittsweise analytisch fassbarer Berandung geschieht so, dass man diese Fläche in geeignete Teilflächen zerlegt, für diese Teilflächen die jeweiligen Größen in Bezug auf geeignete Achsen ermittelt, sie auf gemeinsame Bezugsachsen transformiert und dann (mit ihren Vorzeichen) addiert. Die einzelnen Schritte dieses Vorgehens haben wir detailliert gezeigt. Ist die Gesamtfläche polygonal berandet, so können die Grundgrößen auch aus den Koordinaten der Eckpunkte berechnet werden. Diese Art der Berechnung ist wegen des einfachen und allgemein gültigen Algorithmus für die Programmierung eines Computers sehr geeignet; wegen der umfangreichen Zahlenrechnung ist sie für manuelle Rechnung ungeeignet. Die Berechnung von I_t lässt sich in ähnlicher Weise formal nicht verallgemeinern. Hier gelten für verschiedene Querschnittstypen grundsätzlich verschiedene Rechenvorschriften. Näheres zeigt die Tafel 9.

Tafel 9

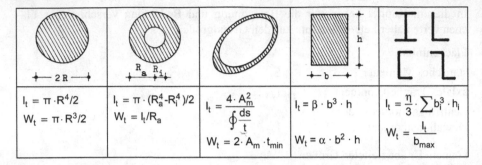

$I_t = \pi \cdot R^4/2$	$I_t = \pi \cdot (R_a^4 - R_i^4)/2$	$I_t = \dfrac{4 \cdot A_m^2}{\oint \dfrac{ds}{t}}$	$I_t = \beta \cdot b^3 \cdot h$	$I_t = \dfrac{\eta}{3} \cdot \sum b_i^3 \cdot h_i$
$W_t = \pi \cdot R^3/2$	$W_t = I_t/R_a$	$W_t = 2 \cdot A_m \cdot t_{min}$	$W_t = \alpha \cdot b^2 \cdot h$	$W_t = \dfrac{I_t}{b_{max}}$

4 Spannungen auf geneigten Flächen

4.1 Allgemeines

In Kapitel 2 haben wir Spannungen bzw. Spannungskomponenten auf *Quer*schnitts-flächen berechnet. Wenn wir auch bei der Bemessung i.A. mit diesen Spannungen auskommen (man denke an $\sigma = M/W$, $\sigma = N/A$ oder $\tau = V \cdot S/(I \cdot b)$), so ist es doch wünschenswert, Spannungen auf geneigten Flächen berechnen zu können. Dieser Wunsch hängt u.a. zusammen mit dem Bruchverhalten von Bauteilen: Geht z.B. ein Stahlbetonbalken im Bereich großer Querkräfte (also etwa in Auflagernähe) zu Bruch, dann bilden sich i.A. schräg verlaufende Bruchlinien aus. Diese Bruchlinien laufen vermutlich senkrecht zu den größten in diesem Balkenbereich auftretenden (Normal-) Spannungen, die somit hier wahrscheinlich auf geneigten Flächen auftre-ten.[61] Auch die Tatsache, dass die beim Zugversuch sich ergebende Trennfläche die Form eines Kegelstumpfes hat (anstatt mit einer Querschnittsfläche zusammen zu fallen), wirft u. a. die Frage auf: Welche Spannungen wirken auf dieser Fläche?

Dass allgemein auf geneigten Flächen andere Spannungsverhältnisse herrschen als etwa auf Querschnitts- oder Längsschnittflächen, haben wir übrigens schon in Kapi-tel 1 gesehen: Im Zuge der Berechnung des Gleitmoduls stellte sich bei der Untersu-chung eines durch die Spannungen σ_1, $\sigma_2 = -\sigma_1$ und $\sigma_3 = 0$ belasteten Würfel-Elementes (siehe Bild 18) heraus, dass auf bestimmten geneigten Flächen nur Tan-gentialspannungen wirken, obwohl die äußeren Flächen nur durch Normalspannun-gen belastet waren.

4.2 Der zweiachsige Spannungszustand

Da die Untersuchung von dreiachsigen Spannungszuständen in der Praxis des Bau-ingenieurs so gut wie keine Rolle spielt, wollen wir uns bei der Weiterführung unse-rer Gedanken auf den zweiachsigen Spannungszustand beschränken. Zweiachsiger Spannungszustand bedeutet in aller Regel, dass von den drei o.g. Ebenen (x – y, x – z, y – z) eine Ebene spannungsfrei ist. Im Hinblick auf die Untersuchung eines Bie-gebalkens (und das hier durchweg benutzte Koordinatensystem) wollen wir anneh-men, dass die x-y-Ebene spannungsfrei ist.

Bild 137 zeigt einen in der x-z-Ebene beanspruchten Balken, bei dem in Punkt P der Spannungszustand untersucht werden soll. Angegeben werden sollen also die For-

---

[61] Dementsprechend wird zum Beispiel bei Spannbetonkonstruktionen der Nachweis von Hauptzugspannungen gefordert, die auf geneigten Flächen wirken.

meln zur Berechnung der Spannungskomponenten auf den Flächen eines beliebig um die y-Achse gedrehten Würfelelementes. Dieser Würfel mit den Kantenlängen „1" ist wieder für die Herleitung der Formeln (nicht für deren später folgende Anwendung) unbrauchbar, weshalb die im Bild 137 gezeigten Schnitte x = const. und z = const. geführt werden. Durch diese Schnitte entstehen zwei Prismen, die wir nun der Reihe nach untersuchen wollen. Zunächst das obere Prisma. Da es unter der Wirkung der angreifenden Flächenlasten in Ruhe bleibt, muss gelten

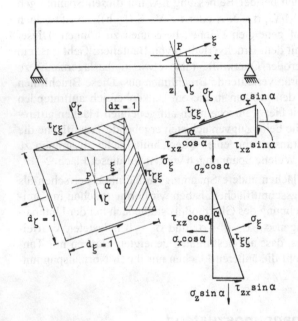

Bild 137
Zur Berechnung der Spannungskomponenten auf geneigten Fläche in Punkt P

$$\sum K_\zeta = 0: \quad \sigma_\zeta - (\sigma_z \cdot \cos\alpha) \cdot \cos\alpha - (\tau_{zx} \cdot \cos\alpha) \cdot \sin\alpha -$$

$$-(\tau_{xz} \cdot \sin\alpha) \cdot \cos\alpha - (\sigma_x \cdot \sin\alpha) \cdot \sin\alpha = 0$$

$$\sum K_\xi = 0: \quad \tau_{\zeta\xi} + (\sigma_z \cdot \cos\alpha) \cdot \sin\alpha - (\tau_{zx} \cdot \cos\alpha) \cdot \cos\alpha +$$

$$+(\tau_{xz} \cdot \sin\alpha) \cdot \sin\alpha - (\sigma_x \cdot \sin\alpha) \cdot \cos\alpha = 0$$

Nun das untere Prisma. Auch hier muss gelten

$$\sum K_\xi = 0: \quad \sigma_\xi - (\sigma_z \cdot \sin\alpha) \cdot \sin\alpha + (\tau_{zx} \cdot \sin\alpha) \cdot \cos\alpha +$$

$$+(\tau_{xz} \cdot \cos\alpha) \cdot \sin\alpha - (\sigma_x \cdot \cos\alpha) \cdot \cos\alpha = 0$$

$$\sum K_\zeta = 0: \quad \tau_{\xi\zeta} + (\sigma_z \cdot \sin\alpha) \cdot \cos\alpha + (\tau_{zx} \cdot \sin\alpha) \cdot \sin\alpha -$$

$$-(\tau_{xz} \cdot \cos\alpha) \cdot \cos\alpha - (\sigma_x \cdot \cos\alpha) \cdot \sin\alpha = 0$$

Die Lösung dieser vier Gleichungen lautet

$$\sigma_\zeta(\alpha) = \sigma_z \cdot \cos^2\alpha + \sigma_x \cdot \sin^2\alpha + 2 \cdot \tau_{zx} \cdot \sin\alpha \cdot \cos\alpha$$

$$\sigma_\xi(\alpha) = \sigma_z \cdot \sin^2\alpha + \sigma_x \cdot \cos^2\alpha - 2 \cdot \tau_{zx} \cdot \sin\alpha \cdot \cos\alpha$$

$$\tau_{\xi\zeta}(\alpha) = \tau_{\xi\zeta}(\alpha) = (\sigma_x - \sigma_z) \cdot \sin\alpha \cdot \cos\alpha + \tau_{zx} \cdot (\cos^2\alpha - \sin^2\alpha).$$

Ein Vergleich dieser Beziehungen mit den Transformationsvorschriften für Deviations- und Trägheitsmomente zeigt die Ähnlichkeit im Aufbau. Ebenso wie dort ersetzt man auch hier die Produkte bzw. Quadrate von Winkelfunktionen durch einfachere Ausdrücke. Bildet man die Summe und die Differenz der beiden Normalspannungen σ_ζ und σ_ξ und addiert bzw. subtrahiert die so entstandenen Ausdrücke, dann ergeben sich nach Division durch 2 die zwei folgenden Formeln [62]

$$\sigma_\zeta(\alpha) = \frac{\sigma_x + \sigma_z}{2} - \frac{\sigma_x - \sigma_z}{2} \cdot \cos(2 \cdot \alpha) + \tau_{zx} \cdot \sin(2 \cdot \alpha)$$

$$\sigma_\xi(\alpha) = \frac{\sigma_x + \sigma_z}{2} + \frac{\sigma_x - \sigma_z}{2} \cdot \cos(2 \cdot \alpha) - \tau_{zx} \cdot \sin(2 \cdot \alpha)$$

$$\tau_{\zeta\xi}(\alpha) = \frac{\sigma_x - \sigma_z}{2} \cdot \sin(2 \cdot \alpha) + \tau_{zx} \cdot \cos(2 \cdot \alpha).$$

Dies sind die Transformationsvorschriften für die Spannungskomponenten auf den Flächen eines um den Winkel α um die y-Achse gedrehten Würfelelementes.

Als Beispiel für ihre Anwendung zeigen wir die Untersuchung des Spannungszustandes in einem Punkt eines Körpers, wo zuvor die Spannungswerte $\sigma_x = 2 \text{ kN/cm}^2$, $\sigma_z = 1 \text{ kN/cm}^2$ und $\tau_{xz} = 1 \text{ kN/cm}^2$ errechnet wurden. Bild 138 zeigt die Situation.

Von den unendlich vielen möglichen Orientierungen des Würfelelementes interessieren vor allem diejenige mit der größten Normalspannungen und diejenige mit der größten Schubspannung. Wir ermitteln die zu diesen Orientierungen gehörenden Winkel α_0 und α_1 wie üblich durch Nullsetzen der entsprechenden Ableitung:

$$\frac{d\sigma_\zeta}{d\alpha} = +(\sigma_x - \sigma_z) \cdot \sin(2 \cdot \alpha) + 2 \cdot \tau_{zx} \cdot \cos(2 \cdot \alpha) = 0.$$

---

[62] Die dritte Formel ergibt sich unmittelbar durch Verwendung allgemein bekannter trigonometrischer Beziehungen.

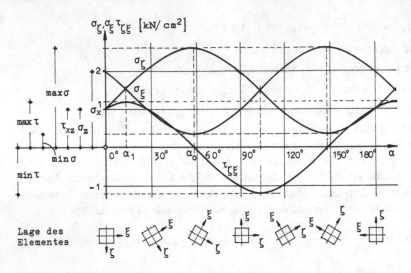

Bild 138 Abhängigkeit der Spannungskomponenten von der Orientierung der Bezugsfläche

$$0 = +(\sigma_x - \sigma_z) \cdot \sin(2 \cdot \alpha_0) + 2 \cdot \tau_{zx} \cdot \cos(2 \cdot \alpha_0)$$

$$\rightarrow \quad \tan(2 \cdot \alpha_0) = \frac{-2 \cdot \tau_{zx}}{\sigma_x - \sigma_z} \quad \text{Richtung der Hauptnormalspannungen}$$

$$\frac{d\tau_{\zeta\xi}}{d\alpha} = (\sigma_x - \sigma_z) \cdot \cos(2 \cdot \alpha) - 2 \cdot \tau_{zx} \cdot \sin(2 \cdot \alpha) = 0 \,.$$

$$0 = (\sigma_x - \sigma_z) \cdot \cos(2 \cdot \alpha_1) - 2 \cdot \tau_{zx} \cdot \sin(2 \cdot \alpha_1)$$

$$\rightarrow \quad \tan(2 \cdot \alpha_1) = \frac{\sigma_x - \sigma_z}{2 \cdot \tau_{zx}} \quad \text{Richtung der Hauptschubspannungen}$$

Die Winkel $2\alpha_1$ und $2\alpha_0$ sind um 90° versetzt und daher sind α_1 und α_0 um 45° versetzt.

In unserem Fall ergibt sich die Richtung der Hauptnormalspannungen zu

$$\tan 2\alpha_0 = -2/1 = -2; \quad 2\alpha_0 = 116{,}6°; \quad \alpha_0 = 58{,}3°$$

und die Richtung der Hauptschubspannungen zu

$$\tan 2\alpha_1 = 1/2 = 0{,}5; \quad 2\alpha_1 = 26{,}6°; \quad \alpha_1 = 13{,}3°.$$

Bild 138 bestätigt dieses Ergebnis.

Einsetzen dieser Werte in die Spannungsausdrücke liefert die zugehörigen Extremwerte:

$$\sigma_\zeta(\alpha_0) = \frac{\sigma_x + \sigma_z}{2} - \frac{\sigma_x - \sigma_z}{2} \cdot \cos(2 \cdot \alpha_0) + \tau_{zx} \cdot \sin(2 \cdot \alpha_0)$$

$$\sigma_\xi(\alpha_0) = \frac{\sigma_x + \sigma_z}{2} + \frac{\sigma_x - \sigma_z}{2} \cdot \cos(2 \cdot \alpha_0) - \tau_{zx} \cdot \sin(2 \cdot \alpha_0)$$

$$\tau_{\zeta\xi}(\alpha_1) = \frac{\sigma_x - \sigma_z}{2} \cdot \sin(2 \cdot \alpha_1) + \tau_{zx} \cdot \cos(2 \cdot \alpha_1)$$

Man kann nun, wie bei der Ermittlung der Hauptträgheitsmomente gezeigt, für α_o und α_1 die allgemeinen Ausdrücke einsetzen, indem man die Sinus- und Cosinus – Funktion durch Tangens-Funktionen ausdrückt. Das liefert

die Hauptnormalspannungen $\quad \begin{matrix} max \\ min \end{matrix} \sigma = \frac{\sigma_z + \sigma_x}{2} \pm \sqrt{\left(\frac{\sigma_x - \sigma_z}{2}\right)^2 + \tau_{zx}^2}$

und

die Hauptschubspannungen $\quad \begin{matrix} max \\ min \end{matrix} \tau = \pm\sqrt{\left(\frac{\sigma_x - \sigma_z}{2}\right)^2 + \tau_{zx}^2}$

Für den oben angegebenen Spannungszustand ergeben sich die Hauptnormalspannungen zu

$$\begin{matrix} max \\ min \end{matrix} \sigma = +1,5 \pm \sqrt{0,5^2 + 1,0^2} = 1,5 \pm 1,12 = \frac{2,62}{0,38} \frac{kN}{cm^2}$$

und die Hauptschubspannungen zu

$$\begin{matrix} max \\ min \end{matrix} \tau = \pm\sqrt{0,5^2 + 1,0^2} = \frac{+1,12}{-1,12} \frac{kN}{cm^2} .$$

Zahlenbeispiel. Für einen Ort in einem Träger hat eine Spannungsberechnung ergeben: $\sigma_z = 0$; $\sigma_x = 8,60$ kN/cm^2; $\tau_{xz} = 3,70$ kN/cm^2. Die Hauptspannungsrichtungen und die Hauptspannungen sind zu bestimmen.

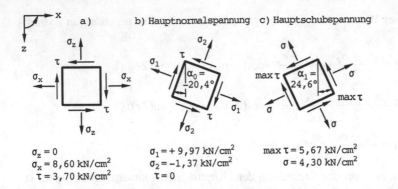

a)   b) Hauptnormalspannung c) Hauptschubspannung

$\sigma_z = 0$
$\sigma_x = 8{,}60 \text{ kN/cm}^2$
$\tau = 3{,}70 \text{ kN/cm}^2$

$\sigma_1 = +9{,}97 \text{ kN/cm}^2$
$\sigma_2 = -1{,}37 \text{ kN/cm}^2$
$\tau = 0$

$\max \tau = 5{,}67 \text{ kN/cm}^2$
$\sigma = 4{,}30 \text{ kN/cm}^2$

Bild 139

Hauptnormalspannungen

$$\tan(2 \cdot \alpha_0) = 2 \cdot \tau_{xz}/(\sigma_z - \sigma_x) = 2 \cdot 3{,}70/(0-8{,}60) = -0{,}860$$

$$2 \cdot \alpha_0 = -40{,}7° \qquad \alpha_0 = -20{,}4°$$

$$\sigma_1 = (\sigma_x + \sigma_z) \cdot 0{,}5 + (\sigma_x - \sigma_z) \cdot 0{,}5 \cdot \cos(2 \cdot \alpha_0) - \tau_{xz} \cdot \sin(2 \cdot \alpha_0)$$

$$= (8{,}60 + 0)/2 + (8{,}60 - 0)/2 \cdot \cos(-40{,}7°) - 3{,}70 \cdot \sin(-40{,}7°)$$

$$= 4{,}30 + 3{,}26 + 2{,}41 = 4{,}30 + 5{,}67 = \quad 9{,}97 \text{ kN/cm}^2$$

$$\sigma_2 = 4{,}30 - 3{,}26 - 2{,}41 = 4{,}30 - 5{,}67 = -1{,}37 \text{ kN/cm}^2$$

Die Schubspannungen für diese Schnittrichtungen sind gleich null.

Hauptschubspannungen

$$\tan(2 \cdot \alpha_1) = (\sigma_x - \sigma_z)/(2 \cdot \tau_{xz}) = (8{,}60 - 0)/(2 \cdot 3{,}70) = 1{,}162$$

$$2 \cdot \alpha_1 = 49{,}3°; \qquad \alpha_1 = 24{,}6°$$

$$\tau_1 = (\sigma_x - \sigma_z) \cdot 0{,}5 \cdot \sin(2 \cdot \alpha_1) + \tau_{xz} \cdot \cos(2 \cdot \alpha_1)$$

$$= (8{,}60 - 0) \cdot 0{,}5 \cdot \sin 49{,}3° + 3{,}70 \cdot \cos 49{,}3°$$

$$\tau_1 = 3{,}26 + 2{,}41 = 5{,}67 \text{ kN/cm}^2$$

Die Normalspannungen für diese Schnittrichtungen betragen jeweils:

$$\sigma = (\sigma_x + \sigma_z)/2 = (8{,}60 + 0)/2 = 4{,}30 \text{ kN/cm}^2$$

Die Ergebnisse sind in Bild 139 dargestellt.

4.3 Zeichnerische Behandlung des Problems

Wir haben gesehen, dass die Transformationsvorschriften für Spannungen sehr ähnlich sind denen für Trägheitsmomente. So ist es nicht verwunderlich, dass auch die Lösungen zeichnerisch ermittelt werden können.

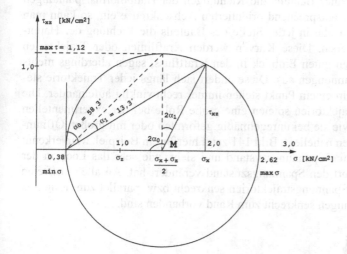

Bild 140
Spannungskreis von
Mohr-Land

Das Verfahren wurde 1882 von Otto Mohr im „Zivilingenieur" vorgestellt und in den folgenden Jahren vor allem von R. Land weiter ausgebaut. Es wird deshalb das Mohr-Land'sche Verfahren genannt. Wenn, auch dieses Verfahren – wie fast alle zeichnerischen Verfahren – seine Bedeutung für „primäre" Berechnungen fast völlig verloren hat, so stellt es für die Überprüfung von Rechenergebnissen ein nützliches Hilfsmittel dar. Von den verschiedenen geometrischen Konstruktionen, die entwickelt wurden, zeigen wir zunächst nur eine, die der graphischen Ermittlung der Hauptträgheitsmomente entspricht. In Bild 140 ist der Spannungskreis für das Zahlenbeispiel des letzten Abschnittes dargestellt. Auf der horizontalen Achse werden die Normalspannungen σ_x und σ_z abgetragen. Der Kreismittelpunkt M ist der Mittelpunkt dieser beiden Normalspannungen. An der Stelle von σ_x wird nach oben die positive Schubspannung τ_{xz} aufgetragen. Der Spannungskreis wird durch den zuletzt erhaltenen Punkt um den Kreismittelpunkt gezeichnet. Die Hauptnormalspannungen max σ und min σ ergeben sich dann als Schnittpunkte des Kreises mit der horizontalen Achse und die Hauptschubspannung max τ ist gleich dem Radius des Spannungskreises. Die zugehörigen Winkel α_0 und α_1 können ebenfalls aus der Darstellung in Bild 140 abgemessen werden.

4.4 Hauptspannungstrajektorien

In den vorangegangenen Abschnitten dieses Kapitels haben wir gesehen, wie man (bei Vorhandensein eines ebenen Spannungszustandes) in jedem Punkt eines Bauteils Richtung und Größe der Hauptspannungen bestimmen kann. Bestimmt man nun in vielen Punkten eines Bauteils die Richtungen der Hauptnormalspannungen und zeichnet überall die entsprechend orientierten Achsenkreuze ein, so kann man Kurvenscharen aufbauen, die in jeder Stelle des Bauteils die Richtung der Hauptnormalspannungen angeben. Diese Kurven werden Kraftlinien oder Trajektorien genannt. Sie geben einen guten Einblick in den Kraftfluss, sagen allerdings nichts über die Größe der Spannungen aus. Diese ändert sich längs jeder Trajektorie stetig.[63] Die Trajektorien in einem Punkt stehen immer rechtwinklig aufeinander. Die (Normal-) Spannungstrajektorien spielen eine große Rolle bei der experimentellen Spannungsermittlung, wie sie bei unregelmäßig geformten oder mit großen Öffnungen versehenen Bauteilen naheliegt. Bild 141 zeigt hierfür ein Beispiel. Man erkennt links den fast ungestörten Spannungszustand und sieht, wie sehr das Loch in der rechten Bauteilhälfte dort den Spannungszustand verändert hat. An allen lastfreien Rändern verlaufen die Spannungstrajektorien senkrecht bzw. parallel zum Rand, da dort keine Schubspannungen senkrecht zum Rand vorhanden sind.

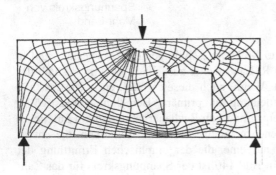

Bild 141
Hauptspannungstrajektorien in einer Scheibe mit einem Loch

---

[63] Wenn gewünscht, könnten die Spannungen natürlich in einigen Punkten verschiedener Trajektorien ermittelt und angeschrieben werden.

5 Festigkeitshypothesen

5.1 Allgemeines

Wir haben anfangs erwähnt, dass die Streckgrenze beim Zugversuch gemessen wird und sich daraus die zulässige Zugspannung bestimmt. Im Zugstab treten aber, wie wir inzwischen wissen, auch Schubspannungen auf. Wir hätten also ebenso gut die zur Streckgrenze gehörende Schubspannung als Kennzeichen der Streckgrenze angeben können. Mit diesem Hinweis soll zum Ausdruck gebracht werden, dass die Wahl der Zugspannung zur Kennzeichnung der Streckgrenze keineswegs gleichbedeutend ist mit der Annahme oder gar Behauptung, die (Größe der) Normalspannung auf einer Querschnittsebene sei verantwortlich für das Auftreten bleibender Formänderungen. Dass eine solche Annahme falsch ist, zeigt unmittelbar ein zweiter Versuch: Zur experimentellen Bestimmung des Gleitmoduls wird manchmal ein dünnwandiges Rohr tordiert, wobei M_T und ϑ gemessen und dann τ und γ berechnet werden. Dabei ist deutlich ein elastischer und plastischer Bereich (also eine Streckgrenze) festzustellen, obwohl auf den Querschnittsebenen nur Tangentialspannungen wirken und keine Normalspannungen. Ein Vergleich der Ergebnisse beider Versuche zeigt übrigens, dass die beim Torsionsversuch an der Streckgrenze vorhandene Schubspannung nicht übereinstimmt mit der im Zugstab an der Streckgrenze vorhandenen Schubspannung. Dabei erhebt sich denn auch schon die erste Frage: Welchen dieser beiden Werte soll man bei der Festlegung von zulässigen Schubspannungen zugrunde legen? Man könnte nun meinen, es sei praktisch ausreichend, wenn man sich für eine dieser beiden kritischen Schubspannungen entscheide (sagen wir: für die niedrigere), und dann bei einer Bemessung nachweist, dass die auf einer Querschnittsebene vorhandenen größten Normal- und Tangentialspannungen weit genug unterhalb dieser Grenzwerte liegen. Dieses Verfahren reicht aus, solange im Bereich größter Normalspannungen keine (wesentlichen) Schubspannungen wirken und im Bereich größter Schubspannungen keine (wesentlichen) Normalspannungen (wie etwa bei einem Biegebalken mit Rechteckquerschnitt). Es reicht nicht mehr aus, wenn in der Gegend größter Normalspannungen auch große Tangentialspannungen wirken oder umgekehrt. So etwas tritt auf u.a. bei den folgenden drei Beispielen:

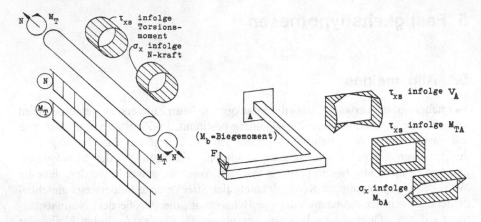

Bild 142 Zum tordierten und   **Bild 143** Zum tordierten und gleichzeitig geboge-
gleichzeitig gezoge-   nen Rohr
nen Rohr

1. Wird eine tordierte Welle gleichzeitig gezogen oder gedrückt (Bild 142), so treten in jedem Querschnitt überall gleichzeitig (mehr oder weniger) große Normal- und Tangentialspannungen auf.
2. Bei einem gleichzeitig gebogenen und tordierten Rohr (Bild 143) treten im unteren und oberen Bereich des Einspannquerschnitts gleichzeitig große Normal- und große Tangentialspannungen auf.
3. Bei einem auskragenden Stahlträger treten im Bereich der Stütze B (Bild 144) gleichzeitig ein großes Moment M_y und eine große Querkraft (etwa V_{zl}) auf; dementsprechend ergeben sich dort am unteren und oberen Stegende gleichzeitig große Normal- und Tangentialspannungen.

Es leuchtet wohl unmittelbar ein, dass beim Nachweis der Normalspannungen die Tangentialspannungen nicht außer Acht gelassen werden können und umgekehrt. Es muss deshalb untersucht und festgestellt werden, welche Größe (bei Stahlbauteilen)[64] bei einem beliebigen Spannungszustand maßgebend ist für das Einsetzen des Fließens. Ist eine solche Größe gefunden, so kann sie insoweit [65] als maßgebend für die örtliche Beanspruchung angesehen werden.

---

[64] Wir haben hier den Stahl gewählt als einen im Bauwesen relevanten Vertreter der zähen Werkstoffe.

[65] Ob sie auch als maßgebend für die örtliche Beanspruchung im Einblick etwa auf Bruch angesehen werden kann, wird erst noch untersucht werden müssen.

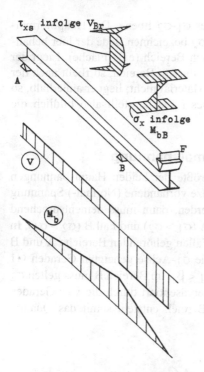

Bild 144

Wie kommt man nun zu einer solchen Größe? Man überlegt sich, welche Größen hierfür überhaupt in Frage kommen, formuliert sie und überprüft die Ergebnisse durch praktische Versuche. Es müssen dies natürlich Größen sein, deren Werte von der Wahl eines Bezugssystems unabhängig sind: Sogenannte Invariante (d. h. Unveränderliche). In der Vergangenheit sind nun mehrere Hypothesen entwickelt worden, die wir im Folgenden kurz vorstellen wollen. Wir geben die entsprechenden Ergebnisse für den zweidimensionalen Spannungszustand und einige spezielle Element-Belastungen an. Alle hier folgenden Überlegungen setzen voraus, dass die Streckgrenze bei Zug und Druck gleich ist.

5.2 Fließbedingungen für den zweidimensionalen Spannungszustand

Da im Bauingenieurwesen der zweidimensionale Spannungszustand eine besondere Rolle spielt, wollen wir nur die Fließbedingungen speziell für den zweidimensionalen Spannungszustand anschreiben. Zunächst sei wieder angenommen, der Spannungszustand sei durch Angabe der beiden Hauptnormal-Spannungen definiert. Er ist dann unmittelbar darstellbar als Punkt in der σ_1-σ_2-Ebene. Die Hauptnormal-spannungen wollen wir von nun an mit σ_1 und σ_2 bezeichnen. Jede der hier behandelten Hypothesen definiert in dieser Ebene einen Bereich (eine Fläche). Liegt der zu einem Spannungszustand gehörende Punkt in diesem Bereich, so fließt nach der entsprechenden Hypothese das so beanspruchte Material nicht; liegt er außerhalb, so ist die Fließgrenze überschritten. Der Rand dieser Fläche stellt also bildlich die Fließgrenze dar.

5.2.1 Die Hypothese der größten Normalspannung

Fließen tritt hiernach nicht ein, solange die größte der beiden Hauptspannungen betragsmäßig kleiner ist als die an der Fließgrenze vorhandene (Normal-) Spannung β_S. Soll diese Aussage grafisch dargestellt werden, dann muss dementsprechend (bewusst) unterschieden werden zwischen Fall A ($\sigma_1 > \sigma_2$) und Fall B ($\sigma_2 > \sigma_1$). In der σ_1-σ_2-Ebene werden die zu diesen beiden Fällen gehörenden Bereiche A und B getrennt durch die beiden unter $\pm 45°$ gegen die σ_1-Achse geneigten Geraden G1 und G2 (Bild 145). Im Bereich A muss gelten $\sigma_1 < \beta_S$, im Bereich B muss gelten $\sigma_2 < \beta_S$. Die Fließgrenze wird dementsprechend repräsentiert durch die vier Geraden $\sigma_1 = \pm \beta_S$ bzw. $\sigma_2 = \pm \beta_S$. Als elastischer Bereich entsteht somit das Quadrat ABCD.

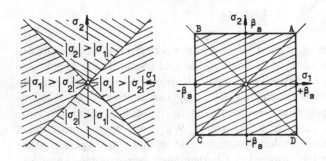

Bild 145
Elastischer Bereich
ABCD

5.2.2 Die Hypothese der größten Dehnung

Hiernach gilt, wie man aus Abschnitt 1.3 unmittelbar ersieht, für die Fließgrenze im Fall A die Beziehung $\beta_S = \sigma_1 - \mu \cdot \sigma_2$ mit der Querkontraktionskonstanten μ und im Fall B die Beziehung $\beta_S = \sigma_2 - \mu \cdot \sigma_1$. Die zugehörigen Berandungsabschnitte haben also im Bereich A die Gleichung $\sigma_2 = \dfrac{1}{\mu} \cdot \sigma_1 - \dfrac{1}{\mu} \cdot \beta_S$ und im Bereich B die Gl. $\sigma_2 = \mu \cdot \sigma_1 + \beta_S$ (Bild 146). Der nach dieser Hypothese elastische Bereich hat also die Form einer Raute.

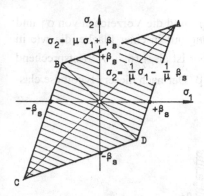

Bild 146
Elastischer Bereich ABCD

5.2.3 Die Hypothese der größten Schubspannung

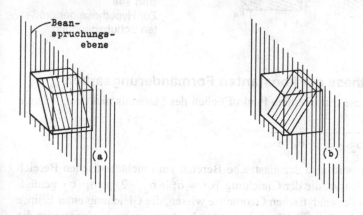

Bild 147 Zur Lage der Ebene maximaler Schubspannung

Hiernach tritt Fließen des Materials in einem Punkt nicht ein, solange die größte in diesem Punkt vorhandene Schubspannung kleiner ist als die sich an der Fließgrenze im Zugstab einstellende Schubspannung. Besteht in einem Punkt eines Bauteils ein zweidimensionaler Spannungszustand, so kann sich die größte Schubspannung einstellen in einer Ebene, deren Normale in der Last- bzw. Spannungsebene liegt, etwa wie in Bild 147(a), oder in einer Ebene, deren Normale nicht in der Spannungsebene liegt, etwa wie in Bild 147(b). Sind die Vorzeichen von σ_1 und σ_2 gleich, dann tritt die größte Schubspannung auf in einer Fläche, die wie in Bild 147(b) geneigt ist, da $\frac{1}{2}(\sigma_1 - 0)$ dann größer ist als $\frac{1}{2}(\sigma_1 - \sigma_2)$. Entsprechend gilt in diesem Fall als Fließgrenze $\sigma_1 = \beta_S$ (Bild 148). Sind die Vorzeichen von σ_1 und σ_2 verschieden, so tritt die größte Schubspannung auf in einer Fläche, die wie in Bild 147(a) geneigt ist, da dann $\frac{1}{2}(\sigma_1 - \sigma_2)$ größer ist als $\frac{1}{2}(\sigma_1 - 0)$! Entsprechend gilt als Fließgrenze $\sigma_1 - \sigma_2 = \beta_S$ also $\sigma_2 = \sigma_1 - \beta$. Der nach dieser Hypothese elastische Bereich hat also die Form eines Sechsecks.

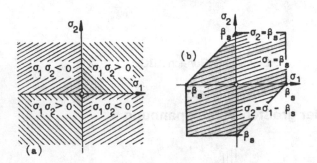

Bild 148
Zur Hypothese der größten Schubspannung.

5.2.4 Die Hypothese der konstanten Formänderungsarbeit

Nach dieser Hypothese tritt in einem Punkt Fließen des Materials nicht ein, solange in diesem Punkt gilt

$$\beta_s > \sqrt{\sigma_1^2 + \sigma_2^2 - 2 \cdot \mu \cdot \sigma_1 \cdot \sigma_2} \ .$$

in der σ_1-σ_2-Ebene wird also der elastische Bereich vom nichtelastischen Bereich getrennt durch eine Kurve, die der Gleichung $\beta_s^2 = \sigma_1^2 + \sigma_2^2 - 2 \cdot \mu \cdot \sigma_1 \cdot \sigma_2$ genügt. Dies ist, wie wir aus der analytischen Geometrie wissen, die Gleichung einer Ellipse in nichtachsenparalleler Lage[66]. Für die numerische Auswertung geeigneter ist die Form

$$\sigma_2 = f(\sigma_1) = \mu \cdot \sigma_1 \pm \sqrt{\beta_s^2 - \sigma_2^2 \cdot (1 - \mu^2)} \ . \text{ Siehe Bild 149.}$$

---

[66] In der uns vertrauteren x-y-Ebene lautet diese Gleichung $x^2 + y^2 + a\,xy + b = 0$.

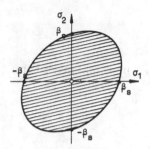

Bild 149
Zur Hypothese der konstanten Formänderungsarbeit

5.2.5 Die Hypothese der konstanten Gestaltänderungsarbeit

Nach dieser Hypothese tritt in einem Punkt Fließen des Materials nicht ein, solange gilt

$$\beta_s > \sqrt{\sigma_1^2 + \sigma_2^2 - \sigma_1 \cdot \sigma_2} \ .$$

In der σ_1-σ_2-Ebene wird also der elastische Bereich begrenzt durch eine Kurve, die der Gleichung $\beta_s^2 = \sigma_1^2 + \sigma_2^2 - \sigma_1 \cdot \sigma_2$ genügt. Hierzu gehört eine spezielle Form der nicht-achsenparallelen Ellipse des letzten Abschnitts, die in Bild 150 dargestellt ist.

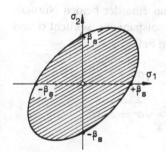

Bild 150
Zur Hypothese der konstanten Gestaltänderungsarbeit

5.2.6 Zusammenstellung

Ist der Spannungszustand nicht durch die beiden Hauptnormalspannungen dargestellt, sondern durch die drei Spannungskomponenten σ_x, σ_z und τ_{xz}, dann ergibt sich

a) die Hauptspannungs-Hypothese wegen

$$\sigma_1 = \frac{1}{2} \cdot (\sigma_x + \sigma_z) + \frac{1}{2} \cdot \sqrt{(\sigma_x - \sigma_z)^2 + 4 \cdot \tau_{xz}^2}$$

in der Form

$$\beta_s > \frac{1}{2} \cdot (\sigma_x + \sigma_z) + \frac{1}{2} \cdot \sqrt{(\sigma_x - \sigma_z)^2 + 4 \cdot \tau_{xz}^2} \; .$$

b) die Hauptdehnungs-Hypothese wegen $\max \varepsilon = \dfrac{1}{E}(\sigma_{max} - \mu \cdot \sigma_{min})$ in der Form

$$\beta_s > \frac{1}{2} \cdot \left[\sigma_x + \sigma_z + \sqrt{(\sigma_x - \sigma_z)^2 + 4 \cdot \tau_{xz}^2} \right]$$
$$- \frac{\mu}{2} \cdot \left[\sigma_x + \sigma_z - \sqrt{(\sigma_x - \sigma_z)^2 + 4 \cdot \tau_{xz}^2} \right] .$$

c) die Hauptschubspannungs-Hypothese wegen

$$\max \tau = \frac{1}{2} \cdot \sqrt{(\sigma_x - \sigma_z)^2 + 4 \cdot \tau_{xz}^2} \quad \text{in der Form}$$

$$\beta_s > \sqrt{(\sigma_x - \sigma_z)^2 + 4 \cdot \tau_{xz}^2}$$

d) die Hypothese der konstanten Formänderungsarbeit in der Form

$$\beta_s > \sqrt{\sigma_x^2 + \sigma_z^2 - 2 \cdot \mu \cdot \sigma_x \cdot \sigma_z + 2 \cdot (1 + \mu) \cdot \tau_{xz}^2}$$

e) die Hypothese der konstanten Gestaltänderungsarbeit in der Form

$$\beta_s > \sqrt{\sigma_x^2 + \sigma_z^2 - \sigma_x \cdot \sigma_z + 3 \cdot \tau_{xz}^2} \; .$$

Besonders einfach gestalten sich diese Ausdrücke, wenn eine der beiden Normalspannungen verschwindet. Nennen wir die andere Normalspannung schlicht σ und die Schubspannung schlicht τ, dann ergibt sich für diesen Fall

a) $\beta_s > \dfrac{\sigma}{2} + \dfrac{1}{2} \cdot \sqrt{\sigma^2 + 4 \cdot \tau^2}$ \qquad\qquad d) $\beta_s > \sqrt{\sigma^2 + 2 \cdot (1 + \mu) \cdot \tau^2}$

b) $\beta_s > \dfrac{\sigma}{2} \cdot (1 - \mu) + \left(\dfrac{1 + \mu}{2} \right) \cdot \sqrt{\sigma^2 + 4 \cdot \tau^2}$ \qquad e) $\beta_s > \sqrt{\sigma^2 + 3 \cdot \tau^2}$

c) $\beta_s > \sqrt{\sigma^2 + 4 \cdot \tau^2}$

Setzen wir hier $\tau = 0$, so liegt der (triviale) Fall des Zugstabes vor und wir erhalten selbstverständlich in allen Fällen die Bedingung $\beta_S > \sigma$.

Setzen wir $\sigma = 0$, so entspricht das z.B. dem Spannungszustand in einem dünnwandigen tordierten Rohr. Es ergeben sich dann die Bedingungen

a) $\beta_S > \tau$ \qquad\qquad\qquad\qquad\qquad\qquad\qquad\quad a) $\beta_S > 1{,}0 \cdot \tau$

b) $\beta_S > (1 + \mu) \cdot \tau$ \qquad\qquad\qquad\qquad\qquad\quad b) $\beta_S > 1{,}3 \cdot \tau$

c) $\beta_S > 2 \cdot \tau$ \qquad\qquad und für $\mu = 0{,}3$ (Metalle) \qquad c) $\beta_S > 2{,}0 \cdot \tau$

d) $\beta_S > \sqrt{2(1+\mu)} \cdot \tau$ d) $\beta_S > 1,61 \cdot \tau$

e) $\beta_S > \sqrt{3} \cdot \tau$ e) $\beta_S > 1,73 \cdot \tau$.

Anders ausgedrückt: Die Schubspannung an der Fließgrenze beträgt nach

a) $\tau_S = 1,00 \cdot \beta_S$ d) $\tau_S = \dfrac{1}{1,61} \cdot \beta_S = 0,62 \cdot \beta_S$

b) $\tau_S = \dfrac{1}{1,3} \cdot \beta_S = 0,77 \cdot \beta_S$ e) $\tau_S = \dfrac{1}{1,73} \cdot \beta_S = 0,58 \cdot \beta_S$.

c) $\tau_S = \dfrac{1}{2} \cdot \beta_S = 0,50 \cdot \beta_S$

Zum Vergleich: In DIN 18800-1 (Stahlbauten, Bemessung und Konstruktion)) wird als Zusammenhang zwischen der Grenznormalspannung und der Grenzschubspannung angegeben $\tau = \sigma/\sqrt{3} = 0,58 \cdot \sigma$. Tatsächlich wird für Stahl durchweg die Hypothese der konstanten Gestaltänderungsarbeit verwendet. In Bild 151 haben wir deshalb noch einmal die zur Fließbedingung $\sigma^2 + 3 \cdot \tau^2 = \beta_S^2$ gehörende Fließkurve in der σ-τ-Ebene dargestellt. Für die Auswertung bietet sich dabei die Form

$$\frac{\tau}{\beta_s} = \pm \sqrt{\frac{1}{3} \cdot \left[1 - \left(\frac{\sigma}{\beta_s} \right)^2 \right]} \text{ an.}$$

In der Literatur findet man für die Ausdrücke, die in den o.a. Ungleichungen der Normalspannung an der Streckgrenze gegenübergestellt – mit ihr verglichen – wurden, häufig die Bezeichnung „Vergleichspannung". Dieser Name ist nicht sehr glücklich gewählt, handelt es sich doch bei diesen Ausdrücken um bloße Rechengrößen, die (abgesehen vielleicht von der „Vergleichsspannung" bei der Hypothese der größten Normalspannung) nirgends im Bauteil auftreten, auch nicht als irgendein Mittelwert. Wir erwähnen weiter, dass der Wert dieser Rechengröße bei einem zähen Material wie Stahl nichts aussagt über die Bruchgefahr. Es handelt sich also bei den o. a. Hypothesen um Fließhypothesen und nicht um Bruchhypothesen. Solche Bruchhypothesen haben auch nur einen Sinn bei spröden Materialien, bei denen dem Bruch keine größeren bleibenden Dehnungen vorausgehen. Ein solcher Baustoff ist z. B. Beton.

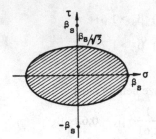

Bild 151

6 Ergänzungen

6.1 Bauteile ohne Zugfestigkeit

6.1.1 Mauerwerk

Für die Berechnung und Ausführung von Mauerwerk ist in der Bundesrepublik die DIN 1053 maßgebend. Nach dieser Vorschrift soll die Zugfestigkeit des Mauerwerks i. A. nicht in Rechnung gestellt werden. Das bedeutet, dass in einem Querschnitt eines Bauteils aus Mauerwerk nur Druckspannungen auftreten bzw. rechnerisch auftreten dürfen. Wie können diese Druckspannungen ermittelt werden? Nun, zunächst stellen wir fest, dass auch bei Bauteilen aus Mauerwerk die Hypothese vom Ebenbleiben der Querschnitte sich bestätigt hat und also verwendet werden kann. Das bedeutet, dass die Dehnungen bzw. Stauchungen lineare Funktionen (kartesischer) Querschnittskoordinaten sind. Da Versuche in einem gewissen Bereich auch ein lineares Spannungs-Dehnungs-Verhalten gezeigt haben, kann im Gebrauchszustand mit dem Hookeschen Gesetz gearbeitet werden, sodass die Spannungsfläche in jedem Fall eine Ebene ist. Anknüpfend an Abschnitt 2.7.2 wird man zunächst meinen, dass die resultierende Normalkraft (= Druckkraft) stets im Kernbereich liegen muss, wenn keine Zugspannungen in der Querschnittsfläche auftreten sollen. Das jedoch ist nicht erforderlich, wenn man eine klaffende Fuge bzw. eine gerissene Zugzone zulässt. Was hat es damit auf sich?

Nun, nehmen wir an, ein Stabelement (man denke etwa an einen kleinen Abschnitt eines Mauerpfeilers) werde durch eine Druckkraft innerhalb der Querschnittsfläche und außerhalb der Kernfläche beansprucht. Was geht dabei in irgendeiner Querschnittsfläche vor sich? Zu Beginn der Beanspruchung entstehen, da der ganze Querschnitt sich zur Lastaufnahme anbietet, in einem Teilbereich dieses Querschnitts Zugspannungen entsprechend der Formel

$$\sigma = \frac{M_y}{I_y} \cdot z - \frac{M_z}{I_z} \cdot y + \frac{N}{A} .$$

Da diese Zugspannungen nicht aufgenommen werden können, reißt das Bauteil in diesem Bereich, wobei ein anderer (kleinerer) Querschnitt entsteht. Nun wiederholt sich dieser Vorgang solange, bis sich ein Querschnitt gebildet hat, auf dem die unverändert wirkende Druckkraft nur Druckspannungen hervorruft: der wirksame Querschnitt. Diesen wirksamen Querschnitt wollen wir im Folgenden berechnen, und zwar zunächst für den Fall, dass das Bauteil einen rechteckigen Querschnitt hat und die Normalkraft ausmittig auf einer Hauptachse liegt (einachsige Ausmitte). Bild 152(c) zeigt die Situation. Da der Spannungskörper aus Symmetriegründen

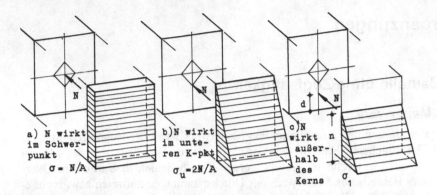

Bild 152 Mittig bzw. einachsig ausmittig wirkende Normalkraft mit zugehöriger Spannungsverteilung bei einem Bauteil ohne Zugfestigkeit

symmetrisch zur z-Achse sein muss, sind unbekannt nur die beiden Größen σ_1 und n (also die größte auftretende Spannung und die Lage der Nulllinie). Zu ihrer Bestimmung stehen die folgenden Äquivalenz-Bedingungen zur Verfügung:

1) Die Summe der Momente der Spannungskräfte um eine beliebige horizontale Achse muss gleich sein dem Moment der resultierenden Druckkraft um dieselbe Achse.
2) Die Summe der Spannungskräfte in x-Richtung muss gleich sein der resultierenden Druckkraft.

Wählen wir als Bezugsachse den gedrückten Rand, dann können wir mit den Bezeichnungen von Bild 152(c) schreiben:

$$\frac{1}{2} \cdot n \cdot b \cdot \sigma_1 \cdot \frac{1}{3} \cdot n = N \cdot d$$

$$\frac{1}{2} \cdot n \cdot b \cdot \sigma_1 = N$$

Dieses Gleichungssystem hat die Lösung

$$n = 3 \cdot d \quad \text{und} \quad \sigma_1 = \frac{2 \cdot N}{3 \cdot b \cdot d}.$$

Sie gilt für $\frac{h}{3} \geq d \geq 0$.

Für die Vertiefung des Verständnisses mag es nützlich sein, die Randspannungen und die Lage der Nulllinie zu verfolgen, während eine Normalkraft vom Schwerpunkt eines Rechteckquerschnitts zum Rand wandert. Die Bilder 153 und 154 zeigen den Zusammenhang. Solange die Normalkraft innerhalb des Kerns wirkt, ergeben sich die Randspannungen σ_1 und σ_2 mit

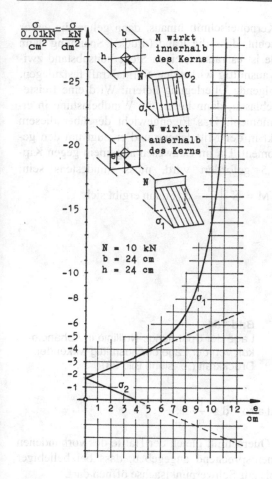

Bild 153
Randspannungen in Abhängigkeit vom Abstand einer einachsig ausmittig wirkenden Druckkraft vom Schwerpunkt bei versagender Zugzone

$e = \dfrac{h}{2} - d$. nach der Formel

$$\sigma_{1,2} = \frac{N}{A} \pm \frac{N \cdot \left(\dfrac{h}{2} - d\right)}{I_y} \cdot z$$

und der Abstand der Spannungsnulllinie von dem Querschnittsrand mit der größten Druckspannung zu

$$n = \frac{\sigma_1}{\sigma_1 - \sigma_2} \cdot h \ .$$

Wandert die Normalkraft aus dem Kernquerschnitt hinaus, dann gelten die zuvor angegebenen Beziehungen. Man erkennt, dass die Rand (druck)- Spannung dann sehr rasch steigt. Aus diesem Grunde ist es ratsam, einen Sicherheitsabstand zwischen dem gedrückten Rand und der ausmittig wirkenden Normalkraft festzulegen. Die Größe dieses Abstandes kann folgende Überlegung liefern: Wird eine freistehende Mauerscheibe vom Wind angeblasen, dann liefert die Windbelastung in einem horizontalen Schnitt ein Kippmoment. Das Eigengewicht der über diesem Schnitt liegenden Mauerscheibe wirkt in der Mittelebene und erzeugt um den gedrückten Rand ein rückstellendes Moment. Da im Bauwesen allgemein gegen Kippen eine Sicherheit von $v = 1,5$ gefordert wird, muss mindestens sein:

$1,5 \cdot M = N \cdot \dfrac{h}{2}$. Berücksichtigt man $M = N \cdot \left(\dfrac{h}{2} - d \right)$, dann ergibt sich

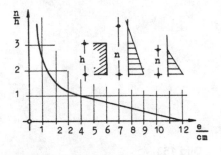

Bild 154
Lage der Spannungs-Nulllinie in Abhängigkeit von der Lage der ausmittig wirkenden Druckkraft („e" siehe Bild 23)

$$1,5 \cdot N \cdot \left(\frac{h}{2} - d \right) = N \cdot \frac{h}{2} \quad \text{und also} \quad d = \frac{1}{6} \cdot h .$$

In diesem Zustand ist der wirksame Querschnitt gleich der Hälfte des vorhandenen Querschnitts. In DIN 1053 ist dementsprechend angegeben, dass bei beliebiger Querschnittsform die Fuge sich nur bis zur Schwerpunktsachse öffnen darf.

Das in Bild 155 dargestellte Flussdiagramm, das auch der Programmierung zugrunde gelegt werden kann, zeigt zusammenfassend, wie bei der Bemessung eines Bauteils ohne Zugfestigkeit vorzugehen ist, wenn ein Rechteckquerschnitt und einachsige Ausmitte vorliegen. Bild 153 zeigt übrigens, dass die Randspannung σ_1 der

Ausmitte e und damit dem Moment $M = N \cdot e$ nicht mehr proportional ist für $e > \dfrac{h}{6}$,

wenn also mit gerissener Zugzone gerechnet werden muss. Formuliert man die Randspannung nicht als Funktion von N und d sondern als Funktion von N und M, so erkennt man sofort, dass eine Linearität zwischen Spannung und Schnittgröße im

Sinne etwa von $\sigma = \dfrac{N}{A} + \dfrac{M}{W}$ überhaupt nicht mehr besteht:

$$\sigma_1 = \frac{2 \cdot N}{3 \cdot b \cdot d} = \frac{2 \cdot N}{3 \cdot b \cdot \left(\dfrac{h}{2} - e\right)} = \frac{2 \cdot N^2}{3 \cdot b \cdot \left(N \cdot \dfrac{h}{2} - N \cdot e\right)} = \frac{4 \cdot N^2}{3 \cdot b \cdot (N \cdot h - 2 \cdot M)}.$$

Für Bauteile mit nicht-rechteckigem Querschnitt muss unsere oben angestellte Betrachtung entsprechend erweitert werden.

Nehmen wir etwa als Beispiel einen T-Querschnitt, wie er wohl bei einer Mauer mit Pfeilervorlage auftreten könnte. Die resultierende Druckkraft habe vom gedrückten Rand den (bekannten) Abstand d, von der Spannungs-Nulllinie den (noch unbekannten) Abstand z_0, Bild 156. Es müssen natürlich wieder die uns bekannten Äquivalenz-Bedingungen gelten:

1) Die Summe der Spannungskräfte muss gleich sein der gegebenen Druckkraft.

2) Die Summe der Momente der Spannungskräfte um jede beliebige Achse muss gleich sein dem Moment der gegebenen Druckkraft um diese Achse.

Die erste Forderung liefert mit $\dfrac{\sigma(z)}{z} = \dfrac{\sigma_1}{z_0 + c}$ die Beziehung (z_0 und c sind hier positiv!)

$$N = \int\limits_{(A)} \sigma \cdot dA = \int\limits_{(A)} \frac{\sigma_1 \cdot z}{z_0 + c} \cdot dA = \frac{\sigma_1}{z_0 + c} \cdot \int\limits_{(A)} z \cdot dA = \frac{\sigma_1}{z_0 + c} \cdot S_y .$$

Die zweite Forderung liefert

$$N \cdot z_0 = \int\limits_{(A)} \sigma \cdot z \cdot dA = \int\limits_{(A)} \frac{\sigma_1 \cdot z^2}{z_0 + c} \cdot dA = \frac{\sigma_1}{z_0 + c} \cdot \int\limits_{(A)} z^2 \cdot dA = \frac{\sigma_1}{z_0 + c} \cdot I_y .$$

Mit S_y bzw. I_y haben wir dabei das statische Moment bzw. das axiale Trägheitsmoment des *wirksamen Querschnitts* um die Spannungsnulllinie bezeichnet. Es stehen somit zwei Gleichungen zur Bestimmung der beiden Unbekannten σ_1 und y_0 bereit. Durch Verarbeiten der ersten Gleichung in der zweiten können wir σ_1 eliminieren und erhalten

$$\frac{\sigma_1}{z_0 + c} \cdot S_y \cdot z_0 = \frac{\sigma_1}{z_0 + c} \cdot I_y$$

und also

$$S_y \cdot z_0 = I_y \quad \text{bzw.} \quad S_y \cdot z_0 - I_y = 0 \quad ^{(***)}$$

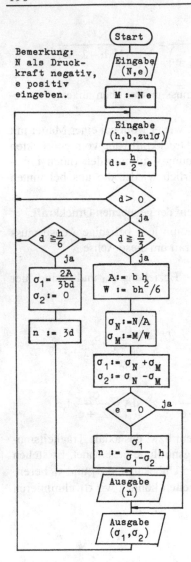

Bemerkung:
N als Druck-
kraft negativ,
e positiv
eingeben.

Bild 155
Flussdiagramm für die Bemessung eines Bauteils mit Rechteckquerschnitt und versagender Zugzone bei einachsiger Ausmitte

Diese Bestimmungsgleichung für z_0, die wir für den Fall eines T-Querschnitts hergeleitet haben, gilt allgemein für beliebige Querschnittsformen. Da z_0 in die Berechnung von S_y und I_y eingeht, ist sie für nicht-rechteckförmige Querschnitte nichtlinear. Eine Auflösung nach z_0 ist dann ohne weiteres nicht möglich. In solchen Fällen kann die Lösung sehr einfach iterativ gefunden werden: Man schätzt einen Wert für z_0, berechnet die zugehörigen Werte von S_y und I_y und kontrolliert die

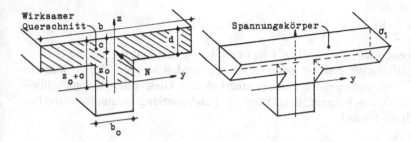

Bild 156 Spannungen auf einem T-Querschnitt bei versagender Zugzone

Güte der Schätzung durch Einsetzen in die o.a. Gleichung ***. Im Allgemeinen wird diese Gleichung zunächst nicht erfüllt sein, sodass sich ein von Null verschiedener Kontrollwert $KW = S_y \cdot z_0 - I_y$ ergibt. Man wählt nun solange einen jeweils neuen Wert für z_0 und wiederholt die o.a. Rechnung, bis der Kontrollwert genügend klein (sagen wir: kleiner als ein gegebener Wert) geworden ist. Bild 157 zeigt den Ablauf der Rechnung [67], wobei der Fall, dass die Spannungsnulllinie in der „Platte" liegt, bereits vorher abgespalten wird. In diesem Fall ist der wirksame Querschnitt rechteckförmig, sodass mit

$$I_y = \frac{1}{3} \cdot b \cdot (z_0 + c)^3; \quad S_y = \frac{1}{2} \cdot b \cdot (z_0 + c)^2$$

die Gleichung *** nach z_0 aufgelöst werden kann:

$$\frac{1}{2} \cdot b \cdot (z_0 + c)^2 \cdot z_0 - \frac{1}{3} \cdot b \cdot (z_0 + c)^3 = 0$$

liefert $z_0 = 2 \cdot c$.[68]

Für den hier interessierenden Fall, dass die Nulllinie im „Steg" liegt, gilt, wenn man die wirksame Fläche als Differenz zweier Rechtecke auffasst,

$$I_y = \frac{1}{3} \cdot \left[b \cdot (z_0 + c)^3 - (b - b_0) \cdot (z_0 + c - d)^3 \right]$$

---

[67] Der Ablaufplan kann als Grundlage für die Programmierung eines Rechners genommen werden, wenn der Iterationsprozess von außen (sozusagen manuell) gesteuert werden soll. In der Regel wird man allerdings beim Einsatz eines Computers eine „vollautomatische Iteration" nach Art eines Nullstellen-Suchprogramms vorziehen, wozu das Flussdiagramm weiter ausgebaut werden muss.

[68] Dann ist also $z_0 + c = 3\,c$, was mit dem Ergebnis unserer Untersuchung des Rechteckquerschnittes übereinstimmt.

$$S_y = \frac{1}{2} \cdot \left[b \cdot (z_0 + c)^2 - (b - b_0) \cdot (z_0 + c - d)^2 \right]$$

Übrigens können wir nun, wo $I_y = f(z_0)$ und $S_y = g(z_0)$ bekannt ist, die oben erwähnte Nichtlinearität genauer beschreiben: Es handelt sich bei der zu lösenden Gleichung *** im vorliegenden Fall um eine kubische Gleichung. Ist dann schließlich der Wert von z_0 bekannt, dann kann die Randspannung unmittelbar errechnet werden nach der Formel

$$\sigma_1 = \frac{N}{S_y} \cdot (z_0 + c).$$

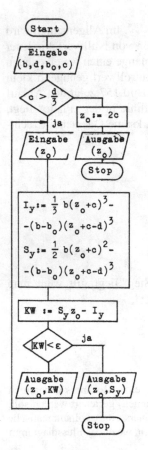

Bild 157
Ablaufplan für die Berechnung der Spannungs-Nulllinie
bei einem T-Querschnitt mit versagender Zugzone

Ebenso wie beim Rechteck-Querschnitt ist natürlich auch beim T-Querschnitt der Fall möglich, dass der Angriffspunkt von N im Kernbereich liegt und die Randspannung sich schlicht nach der Formel $\sigma = \dfrac{N}{A} + \dfrac{M}{W}$ ergibt. Ebenso kann es passieren, dass die Fuge sich weiter als bis zum Schwerpunkt der Gesamtfläche öffnet und dann bei Mauerwerk aus diesem Grunde neue Abmessungen gewählt werden (müssen). Diese Dinge gehören zum Entwurfsprozess allgemein und sollen hier nicht im Detail besprochen werden.

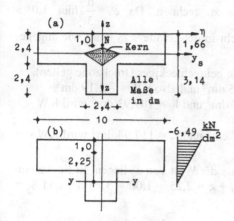

Bild 158 Ein Zahlenbeispiel

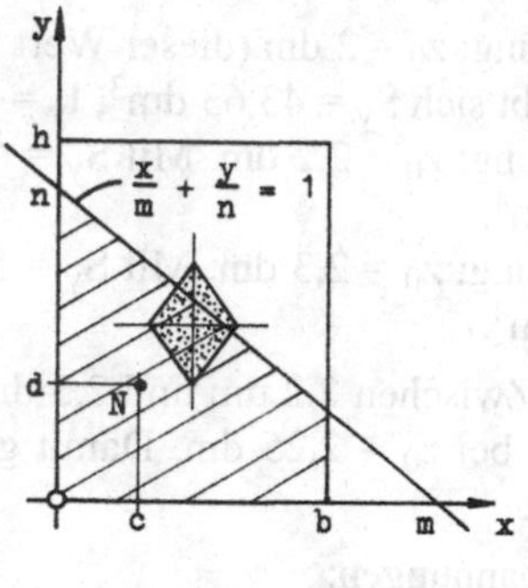

Bild 159 Zweiachsige Ausmitte beim Rechteckquerschnitt mit versagender Zugzone

Hier ein Zahlenbeispiel: Gegeben ist ein Mauerquerschnitt gemäß Bild 158(a), die einachsig ausmittige Druckkraft N = 100 kN (Druckkraft hier positiv) und ihr Randabstand c = 1 dm.

1) Lage des Schwerpunktes:

$A\ = 2{,}4 \cdot 7{,}6 + 4{,}8 \cdot 2{,}4 = 18{,}24 + 11{,}52 = 29{,}76\ \text{dm}^2$

$S\ = 18{,}24 \cdot 1{,}2 + 11{,}52 \cdot 2{,}4 = 49{,}54\ \text{dm}^3$

$\eta_s\ = 49{,}54\,/\,29{,}76 = 1{,}66\ \text{dm} = e_0.$

Das liefert $e_u = -3{,}14$ dm.

2) Kernweiten:

$I_{ys} = \dfrac{1}{12} \cdot 7{,}6 \cdot 2{,}4^3 + 18{,}24 \cdot 0{,}42^2 + \dfrac{1}{12} \cdot 2{,}4 \cdot 4{,}8^3 + 11{,}52 \cdot 0{,}74^2 = 40{,}41\ \text{dm}^4$

$$W_{yu} = 40{,}41 / 3{,}14 = 12{,}87 \ dm^3$$

$$W_{yo} = 40{,}41 / (-1{,}66) = -24{,}34 \ dm^3$$

$$k_{zu} = - W_{yu} / A = -12{,}87 / 29{,}76 = -0{,}43 \ dm;$$

$$k_{zo} = - W_{yo} / A = - (-24{,}34)/29{,}76 = 0{,}82 \ dm$$

3) Spannungsnulllinie:

Wir stellen fest: Der obere Kernpunkt hat vom Druckrand den Abstand 1,66–0,43=1,23 dm. Die Normalkraft N wirkt also außerhalb der Kernfläche und es ist dementsprechend mit gerissener Zugzone zu rechnen. Da $c = \dfrac{d}{3}$ (hier 1,0 > 2,4/3=0,8), liegt die Spannungsnulllinie nicht in der „Platte": z_0 muss wie angegeben durch Iteration gefunden werden.

1. Schätzung: $z_0 = 2$ dm (dieser Wert würde bei rechteckiger Druckzone gelten). Es ergibt sich $S_y = 43{,}63 \ dm^3$, $I_y = 89{,}45 \ dm^4$ und also KW $= - 2{,}19 \ dm^4$.
2. Schätzung: $z_0 = 2{,}2$ dm. Mit $S_y = 48{,}77 \ dm^3$ und $I_y = 107{,}93 \ dm^4$ wird KW $= - 0{,}64 \ dm^4$.
3. Schätzung: $z_0 = 2{,}3$ dm. Mit $S_y = 51{,}37 \ cm^3$ und $I_y = 117{,}94 \ dm^4$ wird KW $= + 0{,}21 \ dm^4$.

Ergebnis: Zwischen 2,2 dm und 2,3 dm muss der Wert von z_0 liegen. Er liegt ziemlich genau bei $z_0 = 2{,}25$ dm. Damit gilt $z_0 + c = 2{,}25 + 1{,}00 = 3{,}25$ dm und $S_y = 50{,}06 \ dm^3$.

4) Randspannungen:

$$\sigma_1 = \frac{100}{50060} \cdot 32{,}5 = 0{,}0649 \ \frac{kN}{cm^2}.$$

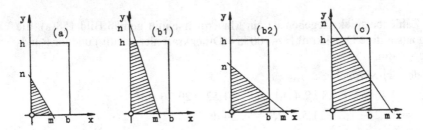

Bild 160   Die wirksame Querschnittsfläche ist ein Dreieck (a), ein Viereck (b), ein Fünfeck (c)

Bisher haben wir angenommen, dass N stets auf einer Hauptachse wirkt. Wir wollen jetzt diese Annahme fallen lassen und beliebige Angriffspunkte für N innerhalb der

Querschnittfläche zulassen. Dabei soll die Querschnittsfläche wieder rechteckig sein, Bild 159. Für die Untersuchung dieses Problems ist es günstig, als Bezugssystem zwei Koordinatenachsen einzuführen, die mit den beiden Querschnittskanten zusammenfallen, die der resultierenden Normalkraft N am nächsten sind. Dann kann die Spannungsnulllinie beschrieben werden durch die Abschnittsgleichung $\frac{x}{m} + \frac{y}{n} = 1$. Wie Bild 160 zeigt, müssen dabei drei Gruppen unterschieden werden:

a) Die Spannungsnulllinie schneidet die beiden der Normalkraft N am nächsten liegenden Seiten, also m < b und n < h.

b) Die Spannungsnulllinie schneidet zwei einander gegenüberliegende Querschnittsseiten, also entweder m < b und n > h oder m > b und n < h.

c) Die Spannungsnulllinie schneidet die beiden der Normalkraft am weitesten entfernt liegenden Seiten, also m > b und n > h.

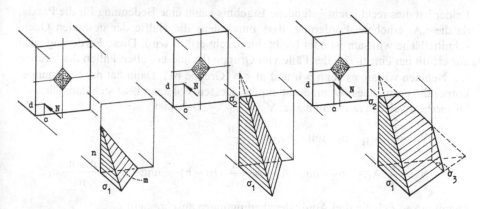

Bild 161 Formen der Spannungskörper

Die dazu gehörenden Spannungskörper zeigt Bild 161. Nehmen wir zunächst den (einfachsten) Fall m < b und n < h. Der Spannungskörper hat dann die Form einer Pyramide und das Volumen

$$V = \frac{1}{3} \cdot A_G \cdot \sigma_1 \quad \text{mit} \quad A_G = \frac{m \cdot n}{2}.$$

Der Schwerpunkt dieser Spannungspyramide hat bekanntlich in der x-y-Ebene die Koordinaten $x_s = \frac{m}{4}$ und $y_s = \frac{n}{4}$. Damit lassen sich drei Äquivalenzbedingungen für die Bestimmung der 3 Unbekannten m, n und σ_1 anschreiben:

1) Die Summe der Spannungskräfte ist gleich der resultierenden Normalkraft.

2) Die Summe der Momente der Spannungskräfte um sagen wir die x-Achse ist gleich dem Moment der resultierenden Normalkraft um diese Achse.

3) Die Summe der Momente der ... um sagen wir die y-Achse ist gleich ...

Das bedeutet:

$$N = V$$

$$N \cdot c = V \cdot \frac{m}{4}$$

$$N \cdot d = V \cdot \frac{n}{4}.$$

Die Lösung lautet, wenn man für V die o.a. Beziehung einsetzt,

$$c = \frac{m}{4}, \quad d = \frac{n}{4}, \quad \sigma_1 = \frac{3 \cdot N}{8 \cdot c \cdot d}$$

Leider hat dies recht leicht gefundene Ergebnis kaum eine Bedeutung für die Praxis, da die i.A. erhobene Forderung, dass mindestens die Hälfte der gesamten Querschnittsfläche wirksam ist oder bleibt, hier nicht erfüllt wird. Diese Forderung wird nur erfüllt bei einem Teil der Fälle von Gruppe (b) und bei allen Fällen der Gruppe (c). Nehmen wir an, es sei n > h und m < b (Gruppe b1). Dann hat der Spannungskörper die Form eines Pyramidenstumpfes. Dessen Volumen lässt sich darstellen als Differenz zweier Pyramideninhalte: $V = V_1 - V_2$. Dabei ist

$$V_1 = \frac{1}{3} \cdot A_{G1} \cdot \sigma_1 \quad \text{mit} \quad A_{G1} = \frac{m \cdot n}{2}$$

$$V_2 = \frac{1}{3} \cdot A_{G2} \cdot \sigma_2 \quad \text{mit} \quad A_{G2} = \frac{m}{2 \cdot n} \cdot (n-h)^2 \quad \text{und} \quad \sigma_2 = \frac{n-h}{n} \cdot \sigma_1.$$

Damit lassen sich die drei Äquivalenzbedingungen anschreiben:

$$N = V_1 - V_2$$

$$N \cdot c = V_1 \cdot \frac{n}{4} - V_2 \cdot \frac{m}{4 \cdot n} \cdot (n-h) \quad (^*)$$

$$N \cdot d = V_1 \cdot \frac{n}{4} - V_2 \cdot \left(\frac{n-h}{4} + h \right).$$

In diesen Beziehungen müssen nun die o.a. Beziehungen für V_i mit den Ausdrücken für A_{Gi} und σ_2 verarbeitet werden. Ist das geschehen, dann stehen auf der rechten Seite der (drei) Gleichheitszeichen Funktionen nur von m, n und σ_1:

$$N = f(m, n, \sigma_1)$$
$$N \cdot c = g(m, n, \sigma_1)$$
$$N \cdot d = h(m, n, \sigma_1).$$

Auch ohne dass wir diese Beziehungen ausführlich anschreiben ist wohl erkennbar, dass man es hier mit drei gekoppelten nichtlinearen Gleichungen für m, n und σ_1 zu tun hat, die sich nicht ohne weiteres nach m, n und σ_1 auflösen lassen. Was ist zu tun? Nun, wenn es schon nicht .gelingt, Formeln der Form

$$m = F (N, c, d)$$
$$n = G (N, c, d)$$
$$\sigma_1 = H (N, c, d)$$

anzugeben, dann sollten die gesuchten Abhängigkeiten jedenfalls in Form einer Tabelle angegeben werden. Eine solche Tabelle aber kann aufgebaut werden, indem man für m, n und σ_1 Werte vorgibt und die zugehörigen Werte von N, c und d aus den o.a. Gleichungen * berechnet. Dabei ist freilich darauf zu achten, dass nur gültige Ergebnisse berücksichtigt und weiterverarbeitet werden:

1) Es gelten die Bereiche n > h und 0 < m < b.
2) Der sich durch c und d ergebende Lastangriffspunkt darf nicht innerhalb des Kernes der Querschnittsfläche liegen.

Weiter ist zu bedenken: Mit Rücksicht auf die geltenden Vorschriften sind nur solche Kombinationen von n und m interessant, bei denen der wirksame Querschnitt größer ist als die Hälfte des Gesamtquerschnitts

Da, wie man unmittelbar sieht, die Abhängigkeit der Volumina und damit der Normalkraft von σ_1 linear ist, kann σ_1 in allen drei Gleichungen auf die linke Seite gebracht und dann sozusagen mit der auf σ_1 bezogenen Normalkraft N/σ_1 gerechnet werden. Wenn wir hier auch die oben erwähnte Tabelle nicht aufbauen wollen, so wollen wir doch einen oder zwei Werte einer solchen Tabelle berechnen. Wir können unser Ergebnis dann mit früher errechneten Werten vergleichen, wie sie etwa im Wendehorst, Bautechnische Zahlentafeln, 2015, auf Seite 379 abgedruckt sind.

Nehmen wir etwa b/h = 10/10 (cm) und m/n = 8/12 (cm). Es ergibt sich, dass die Spannungsnulllinie die Bedingung y (5) $\geqq$ 5 nicht erfüllt: Aus $\dfrac{y\,(5)}{8-5} = \dfrac{12}{8}$ ergibt sich y (5) $= \dfrac{36}{8} = 4{,}5$ cm. Wir erhöhen dementsprechend n oder m und wählen m/n = 8/16 (cm). Es ergeben sich die Werte $N/\sigma_1 = 20{,}20$ cm^2, c = 2,07 cm und d = 3,58 cm. In Verbindung mit der o.g. Tabelle ist die Eckspannung angegeben in der Form $\sigma_1 = \mu \cdot \dfrac{N}{A}$, wobei die Werte von μ in Abhängigkeit von c*/b und d*/h der Tabelle zu entnehmen sind. In unserem Fall ist c*/b = (5,00 – 2,07)/10 = 0,293 und d*/h = (5,00 – 3,58)/10 = 0,142. Auch ist

$$\sigma_1 = \frac{N}{20,20} = \frac{N \cdot A}{20,20 \cdot A} = \frac{N \cdot 100}{20,20 \cdot A} = 4,95 \cdot \frac{N}{A} .$$

Der o.g. Tabelle ist durch Interpolation der Wert $\mu = 4{,}96$ zu entnehmen.

Ganz ähnlich sehen die sich für $n < h$ und $m > b$ ergebenden Beziehungen aus. Diese Fälle wollen wir aber hier nicht weiter untersuchen.

Tafel 10　Ablaufplan zur Berechnung von N, c und d in Abhängigkeit von b, h, m und n für $\sigma_1 = 1$. Das Ergebnis ist gültig, wenn $d \leqq -\dfrac{h}{b}c + \dfrac{5}{6}h$.

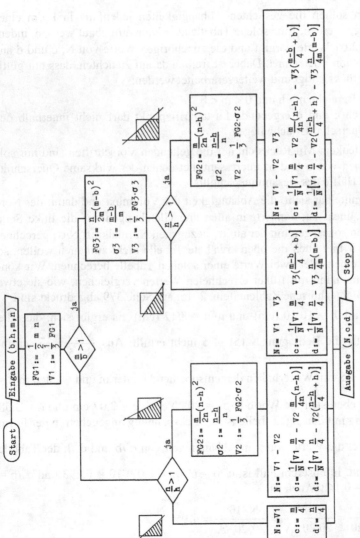

Durch Angabe eines Ablaufplanes geben wir einen abschließenden Überblick über das Kernstück der Untersuchung eines Rechteckquerschnitts bei versagender Zugzone (Tafel 10).

Wählen wir etwa $b/h = 10/10$ (cm) und $m/n = 11,5/18$ (cm), dann ergibt sich mit $V_1 = 34,50$ cm^2, $V_2 = 3,03$ cm^2 und $V_3 = 0,07$ cm^2 der Wert $N/\sigma_1 = 31,40$ cm^2 sowie c $= 3,01$ cm und d $= 3,79$ cm.

Es ergibt sich also $\sigma_1 = \dfrac{N}{31,40} = 3,18 \cdot \dfrac{N}{A}$. Den hier auftretenden Faktor $\mu = 3,18$ finden wir für $c^* = 1,99$ cm und $d^* = 1,21$ cm (also $c^*/b = 0,20$ und $d^*/h = 0,12$) auch in der o.g. Tafel.

6.1.2 Bodenpressungen unter Fundamenten

Da im Boden keine Zugspannungen aufgenommen werden können, muss auch beim Entwurf von Fundamenten im Hinblick auf die Übertragung der Lasten in den Boden mit versagender Zugzone gerechnet werden. Dabei wird auch mit einer ebenen Spannungsverteilung gerechnet, weshalb die in Abschnitt 2.1.1 angestellten Betrachtungen auch für die Bestimmung von Bodenpressungen gültig sind.

Beispiel: Gegeben sei $F = 500$ kN, $M_y = 200$ kNm, $M_z = 300$ kNm, zul $\sigma_s = 0,40$ kN/cm^2.

Gesucht sei die Kantenlänge eines: quadratischen Einzelfundamentes.

Lösung: $e_y = M_y/F = 0,40$ m; $e_z = M_z/F = 0,60$ m.

Nach einigen Versuchen geschätzt $A = 2,50 \cdot 2,50 = 6,25$ m^2.

$$\left.\begin{array}{l} e_y/b = 0,4/2,5 = 0,16 \\ e_z/h = 0,6/2,5 = 0,24 \end{array}\right\} \quad \mu = 4,18 \quad \left\{\begin{array}{l} \text{aus Tafel 8.7, Wendehorst, 35. Aufl.} \\ \text{Bautechn. Zahlentafeln, Seite 379.} \end{array}\right.$$

Damit ergibt sich max $\sigma_s = 4,18 \cdot \dfrac{500}{6,25} = 334\ \dfrac{\text{kN}}{\text{m}^2}$. Infolge der Ausmitte der Normalkraft erhöht sich die Bodenpressung also um den Faktor 4,18. Die Lage der Spannungsnulllinie lässt sich nicht feststellen, wenn man sich – wie hier geschehen – nur auf die o.a. Tafel stützt.

6.2 Nicht homogene, zug- und druckfeste Bauteile

Im vorigen Abschnitt haben wir Bauteile ohne Zugfestigkeit untersucht und dabei u.a. festgestellt, dass in ihnen resultierende Normalkräfte solange übertragen werden können, wie sie innerhalb der Querschnittsberandung oder jedenfalls der Tangenten an den Querschnitt liegen.[69] Das stellt eine erhebliche Einschränkung grundsätzlicher Art dar im Hinblick auf die Beanspruchbarkeit solcher Bauteile. Während man sich bei Bauteilen aus Mauerwerk und beim Entwurf von Fundamenten im Hinblick auf die Bodenpressung mit dieser Einschränkung abfindet, hat man bei Bauteilen aus Beton schon sehr früh von der Möglichkeit Gebrauch gemacht, bei der Herstellung solcher Bauteile in den Querschnittsbereich, wo Zugspannungen erwartet werden, Stahlstäbe einzubetten, die mit dem umgebenden Beton beim Erhärten dann eine kraftschlüssige Verbindung eingehen. Das fertige Produkt ist dann ein Stahlbeton-Bauteil. Diese Bauteile wollen wir hier nicht weiter untersuchen, sondern wir wollen uns in diesem Abschnitt der Berechnung solcher nicht-homogenen Bauteile zuwenden, dabei aber zunächst annehmen, wir hätten es mit zwei Baustoffen A und B zu tun, die beide zug- und druckfest sind (und im auftretenden Beanspruchungs-bereich einen linearen Spannungs-Dehnungs-Verlauf zeigen). Gehen wir vom einfachsten Fall aus: Ein Stab mit doppelsymmetrischem Querschnitt wird durch eine in der Schwerachse wirkende Normalkraft N beansprucht. Wie sieht die Spannungsverteilung in einer Querschnittsfläche dieses Stabes aus? Bild 162 zeigt die Situation. Nun, bei der Untersuchung dieses Problems gehen wir wieder aus von einer Betrachtung der Verformung: Die Beobachtung zeigt, dass die einzelnen Querschnitte bei der Verformung eben bleiben (Bild 163). Die Dehnung muss also in allen Fasern gleich groß sein und ergibt sich, wenn wir die (noch unbekannte) Verlängerung mit f bezeichnen, zu

$$\varepsilon_a = \varepsilon_b = \frac{f}{l}\,.$$

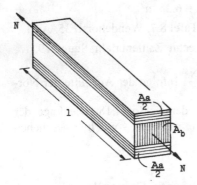

Bild 162 Aus zwei Materialen A und B symmetrisch zur Schwerlinie aufgebauter Zugstab

Bild 163 Verformung eines zusammengesetzten Zugstabes

---

[69] Vorausgesetzt ist hierbei natürlich, dass die zulässigen Spannungen nicht überschritten werden.

Aus diesen Dehnungen ergeben sich durch Verarbeitung des Spannungs-Dehnungs-Gesetzes der beiden Materialien die Spannungen. Da in unserem Fall für beide Materialien das Hookesche Gesetz gelten soll, ergibt sich $\sigma_a/E_a = \sigma_b/E_b$ (= f/l). Im Hinblick auf die oben gestellte Frage wissen wir nun, dass es eine in der Fläche A_a konstante Spannung σ_a gibt und eine in der Fläche A_b konstante Spannung σ_b und dass für sie gilt

$$\frac{\sigma_a}{\sigma_b} = \frac{E_a}{E_b}$$

Den hier auftretenden Quotienten der beiden E-Moduli bezeichnet man häufig mit dem Buchstaben n (In neueren Stahlbetonvorschriften auch α_e genannt!) und schreibt dann

$$\frac{\sigma_a}{\sigma_b} = \frac{E_a}{E_b} = n.$$

Für die Berechnung dieser zwei Unbekannten σ_a und σ_b brauchen wir eine zweite Gleichung, in der neben diesen beiden Größen keine neuen Unbekannten auftreten. Es steht hierfür zur Verfügung die Äquivalenzbedingung, dass die Summe aller Spannungskräfte des Gesamtquerschnitts gleich ist der wirkenden Normalkraft:

$$\sigma_a \cdot A_a + \sigma_b \cdot A_b = N$$

Damit haben wir für die Bestimmung der beiden Unbekannten σ_a und σ_b das Gleichungssystem aufgestellt und können es nun lösen. Es ergibt sich

$$\sigma_a = \frac{N}{A_a + \dfrac{E_b}{E_a} \cdot A_b}$$

$$\sigma_b = \frac{N}{\dfrac{E_a}{E_b} \cdot A_a + A_b}$$

Bild 160 zeigt die Spannungsverteilung für $E_a/E_b = n = 2$.

Durch Einführung einer ideellen Fläche lässt sich noch eine Vereinfachung in der Schreibweise erreichen. Da wir oben schon E_b als Bezugsgröße benutzt haben (siehe $E_a/E_b = n$), wollen wir auch hier annehmen, das Material B sei das „Basis-Material" (bei einem Stahlbetonbalken z.B. ist der Beton das Basis-Material in diesem Sinne). Dann führt die Abkürzung $A_i = A_b + n \cdot A_a$ zu der uns bekannten Beziehung $\sigma_b = N/A_i$ und σ_a ergibt sich aus $\sigma_a = n \cdot \sigma_b$. Durch Einführung der ideellen Querschnittsfläche A_i haben wir die Berechnung eines inhomogenen Bauteils (mit den Materialien A und B) zurückgeführt auf die uns bekannte Berechnung eines homogenen Bauteils (aus Material B):

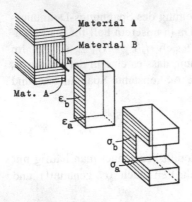

Bild 164
Dehnungs- und Spannungsverteilung in einem durch eine Normalkraft beanspruchten nicht-homogenen Querschnitt

Denkt man sich einen homogenen Stab der Querschnittsflache A_i und des Materials B durch eine Normalkraft N beansprucht, so ergibt sich dabei eine Querschnittsspannung σ_b, die übereinstimmt mit der Spannung in einem nicht-homogenen Zugstab, in dessen Querschnitt(en) zwei Baustoffe A und B auftreten mit den Flächenanteilen A_a und A_b und dem Verhältnis $n = E_a/E_b$. Bild 165 zeigt die Situation.

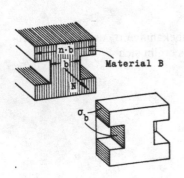

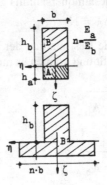

Bild 165   Ideeller Querschnitt
eines homogen Stabes

Bild 166   Zur Schwerpunktsberechnung
bei nicht-homogenen Querschnitten

Durch die Einführung von ideellen Querschnitten wird die Berechnung von Schwerpunktskoordinaten und anderen Flächenwerten für nicht-homogene Querschnitte sehr erleichtert. Nehmen wir als Beispiel den in Bild 166(oben) dargestellten einfach symmetrischen Querschnitt. Da ihm, wie wir oben gesehen haben, der in Bild 166(unten) gezeigte Querschnitt in Bezug auf die η-Achse (und hierzu parallele Achsen) gleichwertig ist, ergibt sich in Bezug auf das eingezeichnete ζ-η-System

$$(A_b + n \cdot A_a) \cdot \zeta_s = n \cdot A_a \cdot \frac{h_a}{2} - A_b \cdot \frac{h_b}{2}$$

und also

$$\zeta_s = \frac{n \cdot A_a \cdot h_a - A_b \cdot h_b}{2 \cdot (n \cdot A_a + A_b)} .$$

Wir wollen als nächstes das Trägheitsmoment des inhomogenen Querschnitts von Bild 168 bestimmen (die Lage des Schwerpunktes sei bekannt). Auch dabei denken wir uns jeweils einen gleichwertigen homogenen Querschnitt aus Material B und erhalten

$$I_{zi} = \frac{b^3}{12} \cdot (h_b + n \cdot h_a)$$

$$I_{yi} = \frac{b}{12} \cdot (h_b^3 + n \cdot h_a^3) + A_b \cdot \left(e_o - \frac{1}{2} \cdot h_b\right)^2 + n \cdot A_a \cdot \left(e_u - \frac{1}{2} \cdot h_a\right)^2 .$$

In diese Formel e_o wie e_u positiv einsetzen.

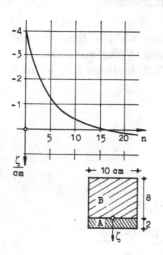

Bild 167
Lage des Schwerpunktes in Abhängigkeit von
$n = E_a/E_b$

Für die in Bild 167 gegebenen Querschnittsabmessungen ergeben sich mit $n = 4$ die Werte:

$\zeta_s = -1{,}5$ cm, $e_o = 6{,}5$ cm, $e_u = 3{,}5$ cm,

$I_{zi} = 1333{,}33$ cm^4 und $I_{yi} = 1453{,}33$ cm^4.

Nun kann die Berechnung von Biegespannungen durchgeführt werden. Innerhalb des Querschnittsteils B ($e_o \leqq z \leqq e_u - h_a$) gilt unmittelbar

$$\sigma_x(z) = \frac{M_y}{I_{yi}} \cdot z \; ;$$

innerhalb des Querschnittsteiles A ($e_u - h_a \leqq z \leqq e_u$) gilt

$$\sigma_x(z) = n \cdot \frac{M_y}{I_{yi}} \cdot z \; .$$

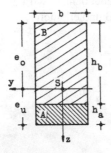

Bild 168
Zur Berechnung des Trägheitsmomentes

Bild 169 zeigt den Spannungsverlauf im y-z-σ-Raum für ein Biegemoment $M_y = 30$ kNm und für den zuvor betrachteten Querschnitt. Völlig ausreichend ist (wie meistens) die Darstellung in der z-σ-Ebene, Bild 170. In dieses Bild ist auch der Dehnungsverlauf mit aufgenommen.

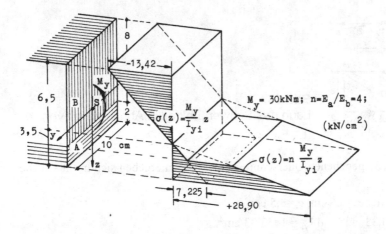

Bild 169 Verteilung der Biegespannungen auf einem nicht-homogenen Querschnitt

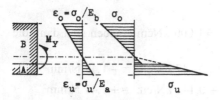

Bild 170
Vereinfachte Darstellung des Dehnungs- u. Spannungsverlaufs

Zahlenbeispiel. Für die dargestellte Stahlbetonplatte sind die ideellen Flächenwerte A_i, I_{yi} und W_{yi} und der Schwerpunkt zu bestimmen. Es wird bei dieser Berechnung unterstellt, dass der Beton nicht gerissen ist und Zugspannungen aufnehmen kann. Im Stahlbetonbau spricht man dann vom **Zustand I**.

Elastizitätsmoduln: $E_{Stahl} = 200.000$ MN/m^2 ; $E_{Beton} = 13.333$ MN/m^2

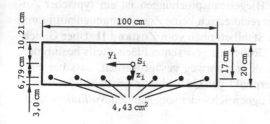

Bild 171

$n = 200.000/13.333 = 15$

Da die Fläche des Bewehrungsstahls von 4,43 cm^2 nicht mit Beton ausgefüllt ist, sondern mit Stahl und dieser Flächenanteil mit dem Faktor n = 15 in die Rechnung eingehen soll, ist die folgende Vorgehensweise einfacher:

Die Betonfläche wird durchgerechnet, und dafür wird die Stahlfläche nur mit dem Faktor n − 1 = 15 − 1 = 14 multipliziert.

Fläche: $A_i = 100 \cdot 20 + 14 \cdot 4{,}43 = 2.062$ cm^2

Schwerpunkt von der Oberkante:

$$\overline{z}_{si} = \frac{100 \cdot 20 \cdot 10{,}0 + 14 \cdot 4{,}43 \cdot 17{,}0}{100 \cdot 20 + 14 \cdot 4{,}43} = \frac{21.054}{2.062} = 10{,}21 \text{ cm}$$

Flächenmoment 2. Grades:

$I_{yi} = 100 \cdot 20^3/12 + (10{,}21-20{,}0/2)^2 \cdot 100 \cdot 20 + 0 + 14 \cdot 6{,}79^2 \cdot 4{,}43 = 69.614$ cm^4

Widerstandsmomente:

$W_{yi, oben} = 69.614 / 10{,}21 = 6.818$ cm^3

$W_{yi, Stahl} = 69.614 / 6{,}79 = 10.252$ cm^3

$W_{yi, unten} = 69.614 / 9,79 = 7.111 \text{ cm}^3$

Für ein Biegemoment von $M_y = +10 \text{ kNm} = +1.000 \text{ kNcm}$ ergeben sich dann die nachfolgenden Spannungen

Betonspannungen: $\sigma_{oben} = -1.000/6.818 = -0,147 \text{ kN/cm}^2 = -1,47 \text{ N/mm}^2$

$\sigma_{unten} = +1.000/7.111 = +0,141 \text{ kN/cm}^2 = +1,41 \text{ N/mm}^2$

Stahlspannung: $\sigma_{Stahl} = +15 \cdot 1.000/10.252 = +1,463 \text{ kN/cm}^2 = +14,63 \text{ N/mm}^2$

Besteht ein Verbundbaustoff aus einem Material „1", welches keine Zugspannungen aufnehmen kann, sondern nur Druckspannungen, und einem zweiten Material „2", welches Zugspannungen aufnehmen kann, so reißt das erstgenannte Material im Zugbereich auf, und nur das Material „2" muss die Zugspannungen aufnehmen. Stahlbeton bei mittleren Biegebeanspruchungen ist ein typischer Anwendungsfall hierfür. Wenn der Beton rechnerisch keine Zugspannungen aufnimmt, also gerissen ist, dann spricht man im Stahlbetonbau vom **Zustand II**. Über Gleichgewichtsbetrachtungen kann man die Größe des gerissenen Flächenteils bestimmen. Das wird hier nicht behandelt. Hier soll nur vorweg gesagt werden, dass bei einer reinen Momentenbelastung der Schwerpunkt des Querschnitts genau auf der Trennlinie zwischen dem Druck- und dem Zugbereich – der sogenannten *Nulllinie* – liegt.

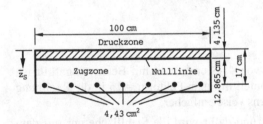

Bild 172

Zahlenbeispiel. Für die oben dargestellte, teilweise gerissene Stahlbetonplatte sind die ideellen Flächenwerte I_{yi} und W_{yi} und der Schwerpunkt zu bestimmen. Wie im vorigen Zahlenbeispiel soll gelten: $n = 15$.

Schwerpunkt von der Oberkante:

$$\overline{z}_{si} = \frac{100 \cdot 4,135 \cdot 4,135/2 + 15 \cdot 4,43 \cdot 17,0}{100 \cdot 4,135 + 15 \cdot 4,43} = \frac{1.985}{480} = 4,135 \text{ cm}$$

Der Schwerpunkt liegt also hier genau in der Nulllinie!

Trägheitsmoment:

$$I_{yi} = 100 \cdot 4,135^3/12 + (4,135/2)^2 \cdot 100 \cdot 4,135 + 0 + 15 \cdot 12,865^2 \cdot 4,43$$
$$= 13.355 \text{ cm}^4$$

Widerstandsmomente:

$$W_{yi, \text{oben}} = 13.355 / 4,135 \quad = 3.230 \text{ cm}^3$$
$$W_{yi, \text{Stahl}} = 13.355 / 12,865 = 1.038 \text{ cm}^3$$

Für ein Biegemoment von $M_y = +10$ kNm $= +1.000$ kNcm ergeben sich dann die nachfolgenden Spannungen

Betonspannung: $\sigma_{\text{oben}} = -1.000/3.230 = -0,310$ kN/cm² $= -3,10$ N/mm²

Unterhalb der Nulllinie hat die Betonspannung den Wert 0!

Stahlspannung: $\sigma_{\text{Stahl}} = +15 \cdot 1.000/1.038 = +14,45$ kN/cm² $= +144,5$ N/mm²

Literaturverzeichnis

A. Lehrbücher (in alphabetischer Reihenfolge)

1. Bochmann, F.: Statik im Bauwesen. 3 Bde. Frankfurt a.M. Bd.1. 6.Aufl. 1968; Bd.2. 4.Aufl. 1967; Bd.3. 3.Aufl.1967

2. Chmelka, F. u. E. Melan: Einführung in die Festigkeitslehre. Wien 3. Aufl. 1948

3. Czerwenka, G. u. W. Schnell: Einführung in die Rechenmethoden des Leichtbaues. 2 Bde. Mannheim. Bd.1. 1967; Bd.2. 1970

4. Dimitrov, N. u. W. Herberg: Festigkeitslehre. 2 Bde. Sammlung Göschen. Bd.1. 2. Aufl. 1971; Bd.2. 2.Aufl. 1972

5. Flügge, W.: Festigkeitslehre. Berlin 1967

6. Marguerre, K.: Technische Mechanik. 3 Bde. Heidelberg 1967

7. Reckling, K.-A.: Mechanik. 3 Bde. Braunschweig 1969

8. Schreyer, G. u. H. Ramm u. W. Wagner: Praktische Baustatik. 4 Bde. Stuttgart. Bd.1. 15. Aufl. 1971; Bd.2. 11. Aufl. 1972; Bd. 3. 5.Aufl. 1967; Bd.4. 3.Aufl. 1972;

9. Stüssi, F.: Vorlesungen über Baustatik. Basel. 3. Aufl.1962

B. Handbücher

1. Hütte, Bd.1. Berlin. 28. Auflage 1955

2. Taschenbuch für Bauingenieure. Berlin. 2. Aufl. 1955

3. Ingenieurtaschenbuch Bauwesen, Bd.1. Leipzig 1963

4. Wendehorst, Bautechnische Zahlentafeln, 35. Aufl., Wiesbaden 2015

Sachwortverzeichnis

anisotrop 1
Arbeit 13
Ausmittigkeit 116
  zweiachsige 118

Beanspruchbarkeit 27
Bemessung 27
Bernoulli – Hypothese 32
Biegesteifigkeit 51
Biegezugfestigkeit 25
Biegung
  schiefe 103
Bredt 85, 87
Bruchdehnung 10

Dehnsteifigkeit 41
Dehnung 8
Deviationsmoment 163, 164
Drehwinkel 96
Dreiecksformel 130
Druckfestigkeit 25

Elastizitätsmodul 10
E-Modul 23
Energie 14
Energiesatz 15

Federkonstante 41
Festigkeitshypothese 175

Fläche 163
Flächenberechnung 127
Flächeninhalt 127
Flächenträgheitsmoment 44, 136
Formänderungsarbeit 16

Gleitmodul 21, 22, 23, 83
Gleitwinkel 21

Hauptachse 149, 164
Hauptnormalspannung 170
Hauptschubspannung 170
Hauptspannungstrajektorie 174
Hauptträgheitsmoment 152
Hohlkasten 87
Hohlquerschnitt 84
homogen 1
Hooke 11
Hookesches-Gesetz 11

inhomogen 1
isotrop 1

Kern 160
Kernpunkt 120
Kernpunktsmoment 121
Kernweite 116, 164
Kraft-Verformungs-Diagramm 7
Krümmung 47, 50

Krümmungsradius 50
Kusinenformel 56

Längskraft 30

Massenträgheitsmoment 137
Moment
  statisches 55, 131, 163

Normalkraft 30
Normalspannung 3, 46

Prandtl 91

Querdehnzahl 17
Querkontraktion 17
Querkontraktions- zahl 23
Querkontraktionszahl 17
Querkraftbiegung 124
Querschnitt
  ideeller 202
  wirksamer 189

Saint-Venantsche 124
Saint-Venantsche Torsion 89
Scherbeanspruchung 20
Scherfläche 100
Schubfluss 56
Schubmittelpunkt 71
Schubspannung 52
  mittlere 68
  zugeordnete 53
Schubverformungsbeiwert 77

Schwerlinie 40
Schwerpunkt 40, 131
Schwerpunktsabstand 164
Schwerpunktshauptachse 43, 104
Seifenhautgleichnis 90
Sicherheitsbeiwert 27
Sicherheitskonzept
  globales 27
Spaltzugfestigkeit 25
Spannung 2, 8
Spannungs-Dehnungs-Diagramm 9
Spannungskreis von Mohr-Land 173
Spannungsnachweis 27
Spannungsnulllinie 105
Spannungszustand
  zweiachsiger 167
Stabachse 40
Stegfläche 68
Steinerscher Satz 142
Streckgrenze 9
Strömungsgleichnis 90

Tangentialspannung 3
Teilsicherheitskonzept 27
Torsion 79
Torsionsmoment 80
Torsionswiderstandsmoment 93
Trägheitsmoment
  axiales 163
  polares 81, 159, 163
Trägheitsradius 138, 156, 164
Transformation 144
Trapezformel 130

Ursprungsformel 130

Verformung 41
Verzerrung 5

Wärmedehnzahl 26
Wert
  charakteristischer 28
Widerstandsmoment 45, 160
  polarer 81

Wöhler 23
Würfelfestigkeit 25

Zentrifugalmoment 47, 143, 163
Zugfestigkeit 12, 23
Zugzone
  versagende 193
Zylinderfestigkeit 25

Printed in the United States
By Bookmasters

Printed in the United States
By Bookmasters